金传达文集

七 民间寿庆文化通书

金传达 著

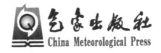
气象出版社
China Meteorological Press

内容简介

本书收录了金传达先生多年来创作的天文历法、气象地理等诸多方面的各类科普作品，主要内容包括星云万象、地球上的风、江淮晴雨、梦幻天空、自然地理、传世贤文、民间寿庆文化等，详细介绍了历法和气象基础知识、各种天气现象的成因和分类、有趣的天气现象、江淮地区天气气候、节气物候和民俗文化等相关知识，内容丰富，通俗易懂，具有很强的可读性，表现了作者对科普传播工作孜孜以求的探索精神和对祖国大好河山、优秀传统文化的热爱之情。

图书在版编目（CIP）数据

金传达文集 / 金传达著. -- 北京：气象出版社，
2022.5
ISBN 978-7-5029-7710-8

Ⅰ．①金… Ⅱ．①金… Ⅲ．①古历法－中国－文集②
气象学－中国－文集 Ⅳ．①P194.3-53②P4-53

中国版本图书馆CIP数据核字(2022)第076380号

金传达文集（七）：民间寿庆文化通书
Jin Chuanda Wenji(qi)：Minjian Shouqing Wenhua Tongshu

出版发行：气象出版社
地　　址：北京市海淀区中关村南大街 46 号　　　　邮政编码：100081
电　　话：010-68407112（总编室）　010-68408042（发行部）
网　　址：http://www.qxcbs.com　　　　E-mail：　qxcbs@cma.gov.cn
责任编辑：杨　辉　　　　　　　　　　　　　　终　　审：吴晓鹏
责任校对：张硕杰　　　　　　　　　　　　　　责任技编：赵相宁
封面设计：艺点设计
印　　刷：北京建宏印刷有限公司
开　　本：710 mm×1000 mm　1/16　　　　　本卷印张：12.5
本卷字数：200 千字
版　　次：2022 年 5 月第 1 版　　　　　　　　印　　次：2022 年 5 月第 1 次印刷
定　　价：298.00 元

目　录

金
传
达
文
集

七

民
间
寿
庆
文
化
通
书

一

寿星高照

(一)万年历与老寿星

相传,在商朝的时候,有个山清水秀的地方,名叫定阳山。定阳山下有个不大的村庄,村头山坡上的小石屋里,住着一个小伙子,名叫万年。

小伙子万年家境贫寒,以打柴挖药为生。那时节令很乱,影响农业生产,有心计的万年便想把节令定准。有一天,万年上山砍柴,坐在树下歇息,树影的移动启发了他,他就做了一个测量日影、计算一天长短的东西,起名叫日晷。可是一遇到阴天,日晷就用不上了。有一次他看见山泉滴水,响声嘀嘀嗒嗒,他又受到启发,做成一个五层漏壶。从此,他测日影、望漏水,慢慢地发现,每隔三百六十多天,天时的长短就会从头重复一遍,最短的一天在冬至。

那时的天子叫祖乙,因为节令失常,他召集百官,商量对策。主管节令的官叫阿衡,他不懂日月运行的规律,说节令失常是因为百姓得罪了天神,只有虔诚拜求天神宽恕才行。于是祖乙率领百官,斋戒沐浴,设坛祭天,但是祭来祭去,毫无效果,弄得百姓服役出捐,苦不堪言。万年再也忍耐不住了,就拿了日晷和漏壶去见天子。

天子见了万年,听了万年讲日月运行周期,心中大喜,下令修了日月阁,筑了日晷台,造了漏壶亭,派人跟着万年日夜看守,精心记录。可是阿衡却生怕万年把时令定准,得到天子重用,自己会丢了官,就以重金收买了一名刺客去刺杀万年。刺客用箭射中了万年的胳膊。刺客被捉住后,天子获悉这次暗杀万年的事件原来是阿衡策划的,便将阿衡判刑了。

事后,天子亲自到日月阁去看望万年,万年讲了"日出日落三百六,周而复始从头来。草木荣枯分四时,一岁月有十二圆"的结论,又指着申星说:"申星追上了蚕百星,星象复原,夜交子时,旧岁已完,时又始春,请天子定个节名吧!""春为岁首,就叫春节吧!"天子说:"你到这里已三年多了,呕心沥血,制出太阳历,劳苦功高,反被暗算,负了重伤,现在就随我到宫中疗养好了,跟我共度春节。"万年说道:"太阳历虽已草创,但还不准确,岁尾还剩有点滴时辰。我愿常居日月阁,再细心推算,把太阳历定准。"天子应允。

寒来暑往,冬去春来。万年经过长期观察,精心推算,把岁末尾时积日成月,按"闰月"补算进去,终于把太阳历定准了。当万年把太阳历献给天子时,已是满头白发。天子见历,深为感动,就把太阳历命名为"万年历",封万年为"日月寿星"。因此,后人也把春节称为"年",每到过年时屋里都挂上寿星图,象征新岁添寿。

(二)寿星

在天幕中,有一颗"寿星",也称"老人星"或"南极老人星"。每年二月间,晚上8时左右,它就会出现在南方低空,十分耀眼。

天文学家认为,这颗"寿星"应是"船底座α"①,离地球很远很远,即使乘坐以光速飞行的飞船去拜访它,也要走196年。它虽然光亮耀眼,但大部分地区一般不易见到。我国南北农事季节差异较大,特别在收获时节最怕阴雨连绵,届时若能见到"寿星",就意味着天气晴朗,收获有希望。收成好,生活就有保障,生命也会安然,否则就可能出现饥荒,生命受到威胁……于是,古人把这颗星星看得特别重要并顶礼膜拜。

南极星辉图

(明代早期年画。左上题云:"南极之精,东华之英,寿我邦家,亿万斯龄。")

古人受科学水平的限制,曾给予这颗"寿星"许多唯心的解释。认为它的出没、明暗往往与国运有关。《宋史·天文志》说,寿星"常以秋分之旦见于丙候之南郊,春分之夕没于丁。见则治平,天子寿昌;不见则兵起、岁荒、君忧,客星入为民疫"。司马迁以为寿星是一颗大星,叫南极老人星;见则天下大安,否则天下就会发生战争。唐代张守节则认为,老人星"为人主占寿命延长之应。见,国命长,故谓之寿昌,天下安宁;不见,人主忧也"。

因此,奉祀寿星的活动,在古代均为君王主持。《通曲·礼四》载"周制,秋分日享(享,祭祀)寿星于南郊"。《史记·封禅书》说寿星"见则天下理安,故祠

---

① 这是一种说法。《尔雅·释天》曰:"寿星,角亢也。"可知寿星最初为二十八宿中东方苍龙七宿中的头二宿,即角、亢二星。所以,郭璞注释说:"数起角亢,列宿之长,故曰寿。"后又演化为南极老人星。现代天文学将角、亢星划入室女座,其中角宿是一等星,很有名的南极老人星则在船底座,也是一等以上的亮星。所以,对寿星有着不同的说法,周秦时祭祀之寿星,实即南极老人星。到了唐代,朝廷便令"所司特置寿星坛,宜祭老人星及角亢七宿",已将二者合祀了。

之,以祈福寿"。《后汉书·礼仪志》中也说:"仲秋之月……祀老人星于国都南郊老人庙。"这种祭祀一直延续到明代。

寿　星

(寿星,本是古人崇拜的星宿,而在人们心目中,他是一位慈善的老者,是吉祥的象征,又叫南极老人,南极仙翁。历代朝廷还把祭祀寿星列为国家祀典。寿星保佑人们长寿,"福如东海水长流,寿比南山松不老"。)

众仙仰寿

(寿星,星名,亦神仙名,又称南极仙翁。每逢寿星寿诞之日,乘鹤驾云而至。群仙仰视,颂祝长寿。明清时期的年画中,此类题材的寿图很多。)

东汉时期,国家把祭祀老人星同敬老活动结合起来。《后汉书·礼仪志》载:"年始七十者,授以王杖……王杖长九尺,端以鸠鸟(即斑鸠、雄鸠)为饰。"故王杖又称鸠杖。传说鸠是一种胃口常开的"不噎之鸟"。老人使鸠杖,寓意为进餐可防噎,以利长寿,有祝福高龄老人长享天年的含义。而且老人持鸠形王杖,是老者身份的象征,可以享受自由出入官府、不受盘问等多项优待。清朝康熙、乾隆年间举行"千叟宴"时,皇帝亲自为九十岁以上的老人斟酒,并赏赐百岁以上老人六品顶戴,九十岁以上老人七品顶戴,以此敬老。因此,老人星、寿星就同老人联系在一起了。

寿星图

(清代北京年画。画中的寿星手持鸠杖,并挂有葫芦。)

我国民间流传着许多关于寿星的故事,有着非常深远的影响。晋人干宝的《搜神记》里就记载着一个"寿星管寿"的故事:有一个叫颜超的十九岁青年,一天在路上遇到被称为神算的管辂。管辂对颜超说:"这么年轻,可惜明天中午就要死了。"颜超叩头乞求救命。管辂说:"命在于天,不是我能管的事,你还是快点回去告诉你的父母吧。"颜超的父母知道后,赶紧骑马追赶上管辂苦苦哀求。管辂只好说:"你们回去准备好一盒鹿脯、一壶清酒,卯日那天中午让颜超送到你家麦地南头大桑树下,见到树下两个下棋的人,只管把酒肉送上,不论他们怎么问,怎样发怒,都不要说话,只管叩头就是,其中一个可以救颜超。"

第二天就是卯日,颜超带着酒肉来到树下,果然看到两个下棋的人。二人只顾专心下棋,也不管是谁送过来的酒肉,拿起来就往口里送。几盘棋后,坐在北边的人忽然发现了站在旁边的颜超,大声申斥道:"你怎么到这里来了?"颜超一个劲儿地只顾磕头。坐在南面的人说:"吃了人家的酒肉,怎么好这么绝情呢?"北边的人说:"文书都已经写明了,不好更改。"南边的人说:"那把你的文书给我看一看。"他拿过文书一看,说:"这很容易改嘛!"然后取笔一勾,把"十九"改成了"九十"。颜超拜谢而回。

赵彦求寿图(清代年画)

回到家里,管辂对小伙子说:"你运气太好了,那两人是南极星和北斗星。南极注生,北斗注死,你可以活到九十岁了。"

明代以后,国家不再祭祀寿星,但寿星在民间的影响有增无减。在明清小说、戏剧以及年画等许多文艺作品中,都可看见寿星的形象。这些作品中,寿星大多扮演着救人性命、益寿延年的角色。《西游记》里孙猴子打倒了镇元大仙的人参果树,就跑到蓬莱仙山去找过这位老寿星和他的伙伴。书中第七回说:"霄汉中间现老人,手捧灵芝飞蔼绣,长头大耳短身躯,南极之方称老者——寿星又到。"

民间传说中又有彭祖、老子、东方朔为寿星诸说。相传彭祖遗腹而生,三岁失母,遇乱流离西域,一生中数遭忧患,丧四十九妻,失五十四子,历夏至殷末,寿八百余岁,常食桂芝,善导引行气。屈原《楚辞·天问》云:"彭铿斟雉,帝何飨? 受寿永多,夫何长?"称彭祖调野鸡羹奉献给天帝,天帝吃了以后报以长寿。彭祖在民间成了长寿的象征,有寿联云:"福禄欢喜,彭祖无极。"

老子又称太上老君,是春秋末年著名思想家、道家创始人,姓李名耳,河南人。老子做过周朝的守藏室史,就相当于现在的国家图书馆馆长,学问很渊博。东汉末年,张陵创立道教,为与佛教抗衡,以老子为祖师爷,并尊其为太上老君,奉《道德经》为主要经典。老子由人成神后,他的出生也被大大神化了。传说其母怀胎七十二年乃生老子,生时剖母腋而出,耳长七寸,须发皆白,所以称为老子。出生时正巧生在一棵李树下，于是指着树道："李就是我的姓。"经历三皇五帝而至于周，长生不死，因此称为老寿星。

老子变成太上老君后受到了历代的广泛崇拜，在唐朝则登峰造极。李家天子为抬高自己的门第，硬与李老君攀亲续谱，让一千年前的老子做了自己的老祖宗，封其为"玄元皇帝"。道教差不多成了唐朝的国教，盛极一时。

东方朔为汉武帝时人，传说他为岁星的化身，因三次偷食王母娘娘的仙桃而得长寿。旧时常以《东方朔偷桃》图祝贺寿辰。

旧时画像中寿星多为白发长眉的老翁，手持龙头拐杖，头部长而隆起，民间称为"寿星头"。关于此，还有一则有趣的传说：寿星在母亲肚子里怀了十五年，他母亲很着急，就问他：

东方朔偷桃

"儿啊，你为什么还不出世？"寿星在娘胎里回答道："我家门前石狮双眼出血时，就是我出世的日子。"不料，这句话被隔壁喜欢恶作剧的屠夫听到了，就将猪血涂在石狮双眼上。寿星的母亲看见了，就赶紧告诉儿子。寿星听了，慌忙从母亲腋下钻了出来。因为年份未到，他的头就变得长而隆起了。

所以，在今天，我们所见到的寿星就是一个脑门长长的、好像长了一个大肉疙瘩的长胡子老者，这老者慈眉善目、白须飘逸，一手拄龙头拐杖，一手托着大仙桃。在中国古代神话中，南极仙翁（又称南极老人）也是这副模样，而且他还是一个极富同情心的老者。

后来，寿星除了用以象征"老者""长寿"之外，还带着祈福、祈求长寿之意。许多民间故事的流传，使得这"寿星文化"日趋平民化，并逐步演进成为一种民俗。民间习俗认为，"寿星佬"走到哪里，就会把健康与长寿

寿星

的祝福带到哪里。因此,寿星成了中国人家家户户欢迎的吉祥人物,每逢过年或祝寿,都要挂"寿星图",供寿星塑像、贴寿星窗花等。

寿星辉耀千秋,而且是善良和长寿的化身,加之汉代以后总是在祭寿星时举行敬老仪式,所以慢慢地,人们就把长寿的老人比作寿星。由于旧时按例只是在老人年满六十岁以上才过生日、做寿,因而后来也就把过生日的老人比作寿星。至于今天把所有过生日的人,甚至过生日的小孩也称为"寿星",那只是从古时老人的过生日、庆寿引申而来罢了。

（三）麻姑

麻姑是中国古代神话故事和传说中一位美丽的女神仙。晋代葛洪的《神仙传》记载，麻姑曾经自己说她已看见东海三次变为桑田，还说现在的蓬莱之水也浅了，只有旧时的一半，恐怕将来还会变成陆地。这就是"沧海桑田"这一典故的由来。

沧海变成一次桑田，时间不知几千万年，她已见过三次沧桑变化，该有多大岁数？虽然在传说之中，麻姑永远长得像个十八九岁的大姑娘，可实际年龄却无法计算。因此，麻姑的长寿不言而喻，也当之无愧地成为长寿的象征。

据说，麻姑是北朝时后赵将军麻秋的女儿。麻秋为人"猛悍""严酷"，曾当过后赵石虎的征东将军。传说他残暴成性，嗜食童子肉，三天两头地差兵卒到民间为他抢掠小孩子，供他食用。当时民间小孩子如果夜间哭闹，当母亲的就拿这个恶魔来哄吓孩子："麻胡（即麻秋，他是胡人）来了！"这一招真灵，小孩子一听就止住了哭泣。后来这个习俗遗传下来，就变成了"马猴来了""大马猴来了"。

麻秋曾经驱赶民夫服役，修筑城墙。他对民夫很残酷，不让他们休息，昼夜不停地工作，只有在鸡啼的时间才可以稍微休息一下。麻姑十分同情这些民夫，常常学鸡叫，她一叫，全城的鸡都叫了，民夫们就能早点收工。后来，麻秋知道了，十分生气，要找女儿算账。麻姑听到了别人透露的风声后，就赶紧逃跑，避入仙姑洞学道，后来在城北石桥"飞升"。百姓因此称之为"望仙桥"，而所谓的"仙姑洞"也被改称为"麻姑洞"，就在今天的江西南城县。南城县西南十里处，山峰高耸，怪石嶙峋，风景奇特。相传此山为麻姑得道之处，因此被称为麻姑山。麻姑山上有"麻姑仙坊"，唐代即有庙祭祀，道教称"第二十八洞天"。唐颜真卿做抚州刺史时，曾撰写过《麻姑仙坊记》，是颜体书法的代表之作。此外，在丰都"鬼城"也有"麻姑洞"，据说也是麻姑住过和修炼的地方。

传说，每年农历三月初三是王母娘娘的诞辰日，要在瑶池设蟠桃会，上中下八洞神仙都前来祝寿。百花、牡丹、芍药、海棠四仙子就采了花，特邀请麻姑同往。麻姑于是在绛珠河畔用灵芝酿酒，献给王母，欢宴歌舞。因此，就有"麻姑献寿"的典故。于是麻姑就成为民间流传的女寿仙，成为"长寿""不老"的象征，和寿星——"南极仙翁"一样。

瑶池集庆

（《史记·大宛列传》引《禹本纪》："昆仑其宽二千五百余里……其上有醴泉、瑶池。"瑶池传说为西王母所居的仙池。《穆天子传》："乙丑，天子觞西王母于瑶池之上。"三月三日王母寿宴于瑶池，群仙纷至沓来，集会庆贺。"瑶池集庆"寓高朋贵友齐来为长者祝寿之意。）

在民俗作品中，麻姑形象多为一位美丽的仙女，有时候腾云驾雾，飞鹤相伴；有时候骑着鹿，伴着青松；有时候直着身子托着盘做奉献状。手中或盘中，一般为仙桃、美酒、佛手等。赠送麻姑像，是用于为妇女做寿。男人做寿，则送南极仙翁图。

瑶池进酿

（瑶池传说为西王母所居的仙池。"酿"在此指酒。仙女麻姑，三月初三赴蟠桃盛会，为西王母献酒祝寿，以寓对长者的恭贺之情。）

麻姑献寿

（相传三月初三西王母寿辰时，麻姑曾在绛珠河畔以灵芝酿酒献给王母。妇女祝寿时，常以"麻姑献寿"为祝寿之古语。）

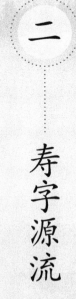

二

寿字源流

（一）五福寿为先

古往今来，人人都希望健康长寿。

周初《尚书·洪范》载"五福，曰寿，曰富，曰康宁，曰攸好德，曰考终命"。其一即"寿"，而其余四福，"康宁""考终命"可以说是寿的同义反复；"富"是指粮食充足、生活无忧；"攸好德"意为所好者德，能达成人事的和谐，此两者实际上也是长寿的必要条件。

后世"五福"又指福、禄、寿、财、喜，又说"五福之中寿为先"，寿亦居首位。传统吉祥图案有"五福捧寿"，绘五只蝙蝠围绕一个"寿"字的纹图，寿占中心位置。

中国传统文化中的"极尽人生的大望"是一种"生之快乐"的生命欲求。无论封建帝王还是芸芸众生，所抱持的是一种现世的人生观。人生的一切享受都建立在生命的基础上。他们执着于现世，不懈地追求生命的长久。

寿

（刻于安徽黄山景区翡翠池边岩壁。旁有一联："普慈莲花大生大化，黄山妙果寿世寿人。"字径约2米。）

有寿即有福。古代，人类抗拒自然灾害的能力很差，寿命一般不长。"人之情，欲寿而恶夭"（《吕氏春秋》）。所以自然产生延长寿命、生存是福的观念。而古代农业生产又靠老人的经验传授，需要借助老人的智慧。《尚书》说："勿遗寿耇。"《诗经·闷宫》说："寿胥与试，俾尔昌而大。"都强调老人应当受到重用，赞美用老人之言可以安国兴邦。崇寿敬老，以寿为福，也就成了古人的追求。

我国最早的一部诗歌总集——《诗经》中，有许多诗句都把农事活动与"寿"联系在一起。例如"八月剥枣，十月获稻。为此春酒，以介眉寿"。在庆祝丰收和年终祭祀的活动中也都言必称"寿"："朋酒斯飨，曰

五福捧寿

（五只蝙蝠围绕寿字的纹饰，寿居中心。古人认为人在天地之中，人在一切在，五福中唯寿为重。由于人们都有祈盼长寿的愿望，从某种意义上说，寿字已被视为汉字中最为吉祥的字。）

镰羔羊,跻彼公堂,称彼兕觥,万寿无疆。"《诗经》中先后出现寿字 31 次,若把与 "寿"意义相近或相同的"考""耄""耋"统计在内,共约 70 次。可见中华先祖对 寿命执着的关注与珍爱。

也许是出于这种对生命和生活的爱,唐代大诗人白居易几乎年年有诗句记 载他已经走过了多少岁月。宋代洪迈《容斋随笔》曾摘录了这类古诗四十五句:

此生知负少年心,不愿愁眉欲三十。

莫言三十是年少,百岁三分已一分。

何况才中年,又过三十二。

不觉明镜中,忽年三十四。

我年三十六,冉冉昏复旦。

行年三十九,岁暮日斜时。

我今欲四十,秋怀亦可知。

四十为野夫,田中学锄谷。

毛鬓早改变,四十白发生。

衰病四十身,娇痴三岁女。

四十未为老,年来四十一。

若为重入华阳院,病瘵愁心四十三。

已年四十四,又为五品官。

面瘦头斑四十四,远谪江州为郡吏。

行年四十五,两鬓半苍苍。

四十六时三月尽,送春争得不殷勤。

我今四十六,衰悴卧江城。

鬓发苍浪牙齿疏,不觉身年四十七。

明朝四十九,应转悟前非。

四十九年身老日,一百五夜月明天。

青山举眼三千里,白发平头五十人。

官途气味已谙尽,五十不休何日休。

长庆二年秋,我年五十一。

二月五日花如雪,五十二人头似霜。

前岁花前五十二,今年花前五十五。

去时十一二,今年五十六。

我年五十七,归去诚已迟。

身为三品官,年已五十八。

半百过九年,艳阳残一日。

不准拟身年六十,游春犹自有心情。

今岁日余二十六,来岁年登六十二。

六十三翁头雪白,假如醒黠欲何方。

行年六十四,安得不衰羸。

我今六十五,走若下坡轮。

无忧亦无喜,六十六年春。

共把十千沽一斗,相看七十欠三年。

六十八衰翁,乘衰百疾攻。

更过今年年七十,假如无病亦宜秋。

归语相传聊自慰,世间七十老人稀。

白须如雪五朝臣,又入新正第七旬。

吾今已年七十一,眼昏须白头风眩。

七十人难到,过三更较稀。

风光抛却也,七十四年春。

寿及七十五,俸沾五十千。

　　这些诗句,清晰地记录着白居易的寿谱,给人以生命流逝、寸阴寸金的无限感慨。

　　中国人的生命活动,总是常有"寿"的意境在熏陶着、激励着。"寿"成了一种生命力的象征。人们常美言老人过得安康长寿,有寿安、寿宁、寿康、寿恺、寿乐、仁者寿、智者寿、恭则寿、寿山福海、寿元无量等。人们常说的过生日又叫寿诞、寿辰。美言寿诞的称呼,男称椿寿,女称萱寿。因为以椿萱代父母之称。寿宴上有寿桃、寿面、寿酒等。祝寿的文章称寿序。专用于祝寿的文艺作品形式有寿诗、寿词、寿画、寿联等。生前所造的墓穴叫寿椁;生前所造的棺材称寿器、寿木,人死了又称寿终、寿寝。

　　以"寿"作为地名、物名、人名的则随处可见。以寿名山的,如万寿山(北京)、长寿山(河北秦皇岛)、万寿谷(广西凤山);以寿名县的,如寿宁、寿光、仁寿、寿阳、长寿等；以寿名建筑物的，如益寿殿、永寿宫、福寿观等；至于以"寿"取人名的，古今不胜枚举。人们还创造了许多寿的象征物，如万古长青的松柏，寿有千年的龟鹤，食可延年的灵芝、仙桃、枸杞、菊花，等等。

寿字又是所有汉字中最受人喜爱的单体字之一。寿字图形多样，包括单字表意的图案，如字形拉长的叫长寿，字形为圆的叫团寿（或称圆寿，寓意无疾而终）。还有多字表意的图案，如"百寿图""双百寿图""五福捧寿"。这些寿字图案广泛地应用在日常生活中，家具、建筑、器皿上常绘有寿字图案，上了年纪的人常穿带有寿字的衣服，枕绣了寿字的枕头，盖织有寿字的被，北方农村的坑围画中也常绘寿字，房屋的木橡头漆有寿字，还有的在宅院门前的照壁上雕寿字或鎏金百寿图等。所有这些都反映了中华民族追求健康长寿、希望用寿字这一吉祥图案来保佑自己的美好愿望。

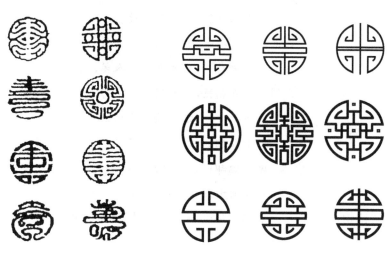

细纹团寿字　　　　　　　　　　　粗纹团寿字

团寿图纹　　　　　　　　　　　长寿字

长寿万年

（万字纹与蝙蝠结合在一起的图案，寓意寿命绵长。此图案多用于祝福长辈。）

(二)"寿,久也"

"寿,久也。"东汉文字学家许慎在《说文解字》中如是说。古人认为人在,一切在,因而追求生命的长久。家喻户晓的"八仙上寿""麻姑献寿""金猴拜寿"等神话,人人颂扬的"寿比南山""寿同日月""寿与天齐"等词语,以及"生年不满百,常怀千岁忧"(《古诗十九首》)、"一生那有真闲日,百岁应多未了缘"(清代徐大椿)等诗句,无一不折射出人们对寿命久长的企盼。

据考证,远在三千年前,西周初期金文(钟鼎文)中已出现寿字了。更早的殷商甲骨文中还没有发现寿字,却有"老""考""耆"等与"寿"同样表示年老、老人的字。金文中的寿字是假借字,借"畴"(古文"畴")字而来,因"畴"与"畴"是一字两意,使用不便,后来借"老"字以会意。寿者,老也。古"老(耂)"字字形像一位扶杖而立的老人,意为高寿。先人就以"老"字上半部覆盖在假借的"畴"字之上,组成了一个形声字"壽",在商代后期开始使用。由于中国幅员辽阔,华夏文化虽然逐步由黄河流域向长江流域浸润,但各地文字仍保留着区域性的差别。尤其是到了春秋时期,诸侯割据又加剧了各国间的文字差异。直至秦始皇统一列国文字,改大篆(亦称籀文)为小篆,定寿为"壽",正式确立了寿字的形声结构,后经两汉隶书的演进、魏晋南北朝楷书的出现,才逐步演变成今天的繁体寿字。

集临商周至秦汉
金文百寿图

清代砖雕寿字(故宫)

(镌有"暗八仙",即铁拐李、汉钟离、蓝采和、张果老、何仙姑、吕洞宾、韩湘子、曹国舅八位神仙分别所持的八件宝物:葫芦、扇子、渔鼓、花篮、阴阳板、横笛、笊篱(莲叶)、宝剑。"暗八仙"又称"暗八宝"。)

"凡年齿皆曰寿。"所以寿字多指人的生命年岁。《左传》有注,称上寿为百二十岁,中寿为百岁,下寿为八十岁。人们的长寿观念赋予了寿字本义,即"人寿",但也有指"物寿""道寿"的。指物而言的寿字,比如"如南山之寿,不骞不崩"(《诗经》)中的

"寿"解释为长久。又如,"维五月庚申,叔液自作馈鼎,用祈眉寿万年无疆,永寿用之"(周《叔液鼎》铭文)句中的后一个"寿"字,显然是指的鼎器永久用之。指道而言的寿字,如"虽不至耇老,其道寿矣"(唐柳宗元《答周君巢食饵药久书》)句中的"寿"指的是医道久传。而"有益人之寿者,则人莫不愿之,今国寿有道,而君人不求,过矣"(《吕氏春秋·求人》)句中的"寿"则有国运长久的含义。显然,寿字包含着多方面的内涵与祝福。

古竹简寿字

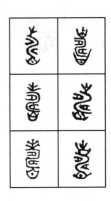

古砖刻寿字

周代陶器寿字

延寿万年图(古瓦当纹饰)

(瓦当,即筒瓦端头。其上多有吉祥纹饰和吉祥文字,以为装饰之用,我国发现最早的是西周晚期的半圆形瓦当,通称半瓦当。秦汉以后流行圆形瓦当。后瓦当纹饰和文字多用在吉祥图上。这幅图寓意长寿绵绵。)

二、寿字源流

021

古象形寿字

古镜鉴寿字

古瓦当寿字

　　几乎每一个中国人都能认知寿字所蕴含的吉祥意境。所以随着历史文化的演进,在浩如烟海的钟鼎、陶器、瓦当、简帛、镜鉴、印章、钱币、碑帖和其他典籍中,竞相出现了许多形体结构不同的寿字。从春秋战国到清末民国,众多的文人墨客、达官显贵甚至民间百姓,纷纷写出许多不同的寿字,再加上"象形""合体"等千变万化的演绎,使得寿字的形体千姿百态,异彩纷呈。

织锦《福寿有余》

织锦《菊寿》

寿字就像美丽音符飘曳在神州大地,萦绕在国人心际。在崇寿文化的沐浴下,寿字经过书法家、篆刻家的创造而逐渐图案化、艺术化,演变成一种长寿吉祥物。被图案化了的寿字,多以"团寿"或"长寿"的形式出现,有的还在其纹样中组合进蝙蝠(象征福)等其他吉祥物象,或"五福捧寿",或"福寿吉祥",或"万寿如意",或"多福多寿"等,变化多端。这些图案或雕、或刻、或印、或染、或织、或画,广泛地装饰在宫殿、民居、家具、器皿上,或应用在日常生活中。被艺术化了的寿字,由书法、篆刻扩展到了许多更具民间性、大众性的艺术门类,如根艺、盆景、插花、藏石、年画、石刻、剪纸,给人以丰富含蓄的美感,更寓意着寿人寿世、福寿康宁。

长寿福寿图纹

（三）百寿图

大约从唐代开始，出现名人学者书写字字不雷同、幅幅不雷同的百寿图，作为高级的贺寿吉祥礼品。史料记载，宋绍定二年（1229年）静江令史谓，曾将钱曾《读书敏求记》中的百寿字，刻入广西夫子岩之上（今属永福县寿城乡）。这是现存较早的一幅摩崖石刻百寿图珍品。各地现存的百寿图碑刻还有山西襄汾中黄村的明代百寿图碑、西安碑林清代百寿图碑、山西祁县乔家大院百寿图照壁等。流传于民间的有百寿图的器物，如百寿香炉、百寿竹简、百寿纸扇、百寿瓶、百寿壶、百寿碗、百寿枕、百寿墨等，多被珍藏于个人家中。

明代闵齐伋撰、清康熙五十九年（1720年）毕弘述篆订的《六书通》一书，扉页载有289个寿字，正文注释中有132个寿字，合计421体，各具奇趣，炫目多彩，展现了宏厚宽广的"寿"文化现象。

当代书法家、篆刻家们经过收集、考证、整理和艺术创作，不仅出现了多彩多姿的"百寿图""双百寿图"，还出现了"千寿图"以至"万寿图"长卷。

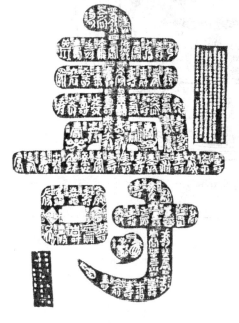

宋代广西夫子岩百寿图崖刻拓片

妙峰山清代百寿图碑

明代百寿瓷香炉

清代百寿瓷瓶

《六书通》扇页

(由清朝康熙五十九年(1720年)毕弘述篆订，
共收集了289个寿字。)

福寿双全图　（文华屏）

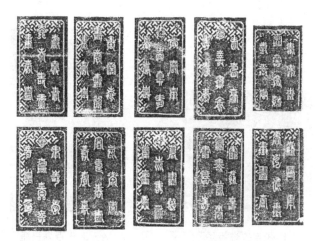

江西新干县七琴镇老宅厢房雕寿壁板

蟠桃献寿图

（由两童子捧桃、寿星、口衔灵芝的鹿、飞翔的蝙蝠，以及寿字等吉祥图案组合而成。）

蟠桃千寿

三

祈寿吉祥物

（一）寿桃

桃,有仙桃、寿桃之称。《神农经》有"玉桃服之,长生不死"的记载。传说,西王母蟠桃园里的仙桃,三千年一开花,三千年一结果,食一枚可增寿六百年。

《太平御览》托名东方朔写的《神异经》里也说:"东北有树焉,高五十丈,其叶长八尺,果四五尺,名曰桃。其子径三尺三寸,小狭核,食之令人增寿。"

又传说,在战国时期,十八岁的孙膑为了学习兵法,离开家乡齐国,到千里之外的云蒙山拜鬼谷子为师,一去就是十二年。忽一日,孙膑猛然想起母亲八十岁生日。鬼谷子得知后摘了个桃给孙膑作为给他母亲的寿礼。

孙膑回到家里的这天,正值家中大摆酒宴为老母亲庆寿。他从怀里捧出师傅给的桃送给母亲。老母亲吃了桃后,容颜就渐渐变了,头发、眼睛、牙齿、脸上的皮肤等,都变成了年轻时的模样,走路也不用拐杖了。全家人都非常高兴。

这事很快就传开了。孝顺的子女们也想让自己的父母健康长寿,便都仿效孙膑,在父母生日的时候送鲜桃祝寿,在没有鲜桃的季节就用面粉做成寿桃给父母拜寿。

双福拱寿

（由两个蟠桃、两只蝙蝠组合成图。桃亦称"寿桃",蝙蝠的"蝠"与"福"谐音。"双福拱寿"寓意幸福、长寿、吉祥。）

"桃"的传说,使桃成了仙物,成了长寿之物。于是在民间,桃成为必备的祝寿吉祥物。庆寿时常悬挂带有寿桃的吉祥图。

（二）寿面

民间祝寿，都要吃面条。面条，亦长亦瘦（细），寓意长寿。所以称面条为"寿面""长寿面"。即使在"生日蛋糕""吹蜡烛"等西洋风情已经走近千家万户的今天，庆贺生日时寿面依旧不可或缺。

相传黄帝之母于二月初九见大电光绕北斗星，继而怀孕，两年后的二月初九生黄帝轩辕氏，地点在现河南新郑市北关。当地自古以来都在二月初九晚上吃"轩辕诞生寿面"，二月初十到北关轩辕故里祠（明代重建）焚香祭祀，这已形成了纪念黄帝诞生的"古刹大会"风俗。

又传说在西汉时，有一天，汉武帝与几个近侍闲聊长寿之道。一侍臣说"人的脸长，寿缘就长"，另一侍臣说"人中（指鼻和上唇之间的穴位）长一寸，可活一百岁"。东方朔笑道："怪不得彭祖骨瘦如柴，人中倒有八寸。"汉武帝不信："哪有这等怪模怪样的人？"东方朔说："脸长就长寿，人瘦脸就长，可知彭祖一定是瘦子了。人中长一寸，可活一百岁，彭祖活了八百岁，他的人中想必有八寸之长了。"汉武帝笑痛肚皮，那"一唱一和"的两个近侍也羞惭不已。此事传出后，有人把"脸"传成"面"，把"瘦"传成"寿"，于是"脸长人瘦"变成了"面长人寿"，并由此演绎出吃长面条祝寿的习俗。有些人还特别讲究把面条切成八寸长，那就是想要寿比彭祖了。

（三）寿酒

祝寿时最常饮用的饮品是酒。《诗经》里凡是涉及祝寿的地方,几乎都离不开酒。《宋书·乐志》载:"上寿酒,乐央。"唐代杜甫《千秋节有感二首》:"舞阶衔寿酒,走索背秋毫。"绘画也常有此类题材。

以酒祝寿,象征吉祥。因为"酒"谐音"久","祝酒"也就是"祝久",有长寿之意。所以在后来礼俗中,干脆用"奉觞""称觞"来作为祝寿的代称。觞是古代的一种盛酒器具,"称觞""奉觞"也就是祝酒。"凡言为寿,谓进爵(即酒杯)于尊者,而献无量之寿"(《汉书·高帝纪》,颜师古注)。

凡寿诞上的酒都叫作"寿酒",并无品种的讲究。只是在许多的祝寿用语中,常见有"桂花酒""千年酒""花甲酒""古稀酒""百年酒"等。宋人黄庭坚有"欲将何物献寿酒,天上千秋桂一枝"的诗句,因为传说月亮中的桂树是不死的仙树,用桂花酒祝寿有祝福人长生不老的美意。寿宴中,举杯祝酒应先敬寿星,然后宾客同饮。

列仙酒牌

大寿之福

（长寿安康、永享天年是人类共同的愿望。大寿乃人之首福、大福。图中尚有"五福捧寿""蟠桃献寿"等纹饰。）

五福捧寿

三、祈寿吉祥物

（四）大"寿"字

中国民间五福中,寿居首位,五福捧寿,寿居中心。大寿乃人之首福、大福。一个独立大"寿"字,不仅是贺寿的吉祥礼品,还是寿堂布置时必备的装饰物。

出现在钟鼎、简帛、镜鉴、玺印、碑帖和其他典籍中的许多异体"寿"字,为历代书法家、名人的"寿"字书法艺术的创作传播提供了依托。

传说,唐代吕洞宾在江西浔阳(今九江市)任职时,书写有一草体"寿"字,"一笔九转,雄健绝伦",后人勒石刻于碑上,现存于江西九江市烟水亭。

明代嘉靖年间,海瑞在淳安县任知县时,他为高堂老母七十寿辰所书的寿字碑,意含"生母七十"四字。现千岛湖海瑞祠和海南海口市分别有此寿字碑。

清代马德昭所作的草书寿字碑,刻于清同治九年(1870年),现存西安碑林。这幅寿字用数字九十九加二十一组合而成,富有"花甲重周"之意,也就是"上寿百二十"。江西省宜春市公园里也有此寿字碑,并在碑阴刻有一首五言养生长寿诗:"清慎为官本,和平养性方,存真福自广,积德寿而康。忠厚传家久,诗书继世长。若能遵此言,万寿尽嘉祥。"诵读起来,令人悠悠心会,妙不可言。

明代海瑞书寿字碑

(海瑞为老母七十寿辰所书寿字碑,意含"生母七十"四字。)

清代马德昭寿字碑

在庆寿吉祥图案中,寿字多以"团寿"或"长寿"的形式出现,并由此派生、演化出异彩纷呈的寿字图纹。有的还在寿字图纹中组合进蝙蝠等其他吉祥物。年画、剪纸、根艺、盆景等大众性艺术门类的寿字,更给人以丰富、含蓄的吉祥意蕴,流行于城镇乡村。

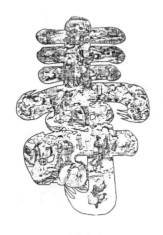

群仙寿字

(寿字内有与祝寿相关的八仙、东方朔、麻姑等众神仙。)

众仙祝寿

(图中大寿字内画了许多与寿有关的神仙,如寿星、东方朔、八仙、和合二仙等,祝愿老人"福如东海,寿比南山"。)

仙寿不老

(湖南民间收藏年画,上有古松,中有八仙,下有寿桃,全由千余寿字组成,寓八仙祝寿,仙寿不老。)

百子寿图

三、祈寿吉祥物

榜书寿字　　　　　　　　　　孔府寿字碑

清 边寿民	明 唐寅	清 左宗棠	宋 文天祥
清 朱耷	清 郑板桥	近 郁达夫	清 林则徐
清 何绍基	近 王震	清 谭嗣同	近 周树人
近 吴昌硕	清 陈鸿寿	近 章太炎	清 康有为

历代书家名人所书寿字

群仙祝寿

（由水仙、竹及寿石组成图。数株水仙，取意"群仙"；"竹"与"祝"谐音，寿石为"寿"，合为"群仙祝寿"。）

（五）寿石

寿石是永恒、长寿、坚强的象征，自古受人喜爱，被视为祈寿、祝寿的吉祥物。寿石以寿山石为代表。清代黄任《寿山石》诗云：

> 俪白姬青又比红，洞天生长少玲珑；
> 钟情到老同燕玉，好色于君似国风。
> 神骨每凝秋涧水，精华多射暮山红；
> 爱他冰雪聪明极，何止灵犀一点通。

寿山石是福州寿山村特有的"瑰宝"，世界上只有这方圆不过几十公里的地方出产这种质地温润的五彩宝石。自明清以来，人们会为拥有一块精美的寿山石而自豪。

相传寿山石是上古时女娲补天遗留下来的五彩灵石。女娲身上遗留的补天彩石随舞飘散，落在水田里，变成了"田黄石"；沉入溪涧，结成了"水坑石"；飘向山间，化成五彩绚丽的"山坑石"。因此，寿山石分为田坑、水坑、山坑三大类。

"寿山贞珉，岂惟秀色可餐，其丽质弥足珍视者，盖有五焉，曰润、曰灵、曰莹、曰嫩、曰腻。其或如丽姝肌肤，则石之丰润也；其或如燃犀照水，则石之空灵也；又或如冰盘玉碗，则石之晶莹也；又或如春笋雪松，则石之柔嫩也；又或如脂如腴，则石之凝腻也。如斯尤物，迥非笔墨能尽其名状。"这是著名的金石篆刻家潘主兰先生对寿山石的赞誉。

寿山石有一百多个色彩斑斓的品种，从外形、色泽至肌理，都有其独特之处。视外形：田坑石无根而璞，无脉可寻，呈自然块状，无明显棱角，有明显色皮；山坑石分布于寿山、月洋两村，石质各具特色，名目特别丰富；水坑石，由于砂石受地下水浸润，多呈透明状，各种"晶""冻"多出于此。察色泽：寿山石色彩多样，每个石种颜色都有规律可循。观肌理：石本身有分隔线或纹理。论质感：手掂感发重，刀刻流畅。贵过黄金数倍的寿山田黄石有石皮，有细细的萝卜纹，温润、肌理洁净、玲珑清澈，微

田黄石雕《福寿双星》

透明,六德(温、润、腻、凝、细、洁)俱在。

自古以来,人们就热衷于赏石、爱石。"吾在天地之间,犹小石小木在大山也"(《庄子·秋水》)。"智者乐水,仁者乐山"(《论语·雍也》)。宋代有一则爱石故事:"宋人愚人,得燕石于梧台之东,归而藏之,以为大宝,周客闻而观焉。"(《阙子》)秦代的阿房宫、汉代上林苑等皇宫御苑中,亦广集天下奇石,以为观赏。唐宋时期,文人墨客广搜、博求奇石,为书房雅宝清供赏玩;皇家园林、文人园林、寿庙园林亦务求奇石,以为点缀。

古人赏石或重其形态,或爱其韵致。宋代大书画家米芾,嗜石成瘾,闻石下拜。他提出赏石"瘦、皱、漏、透"四字诀,至今仍为太湖石类最高的审美标准。所谓"瘦",即石之体态苗条,迎风玉立;"皱",即凹凸褶皱,千奇百怪;"漏",即大孔小穴,上下贯通,四面玲珑;"透",即面纹贯通,纹理纵横。至清代郑板桥又补充一"丑"字。他说:"石文而丑。一丑字则石之千态万状,皆从此出。"他常以"兰蕙倚石"入画,石奇丑,但丑而雄、丑而秀。

奇石集天地灵秀,可以因小见大,如见嵩岳。宋代赏石名家孔传曾说:"天地至精之气结而为石""虽一拳之多,而能蕴千岩之秀,大可列于园馆,小或置于几案,如观嵩少,而面龟蒙,坐生清思。"他又说:"圣人尝曰:'仁者乐山。'好石乃乐山之意。"清赵尔丰《灵石记》中说得更详:"石体坚贞,不以柔媚悦人,孤高介节,君子也,吾将以为师。石性沉静,不随波逐流,然叩之温润纯粹,良士也,吾乐与为友。"

嵩山百寿

(由松柏、萱草、桃树、石组合成图。"松"与"嵩","柏"与"百"同音相关。桃树、萱草皆寓长寿。嵩山,为五岳之中的中岳,在河南省登封市北,山上有中岳庙、少林寺等名刹。嵩山又为中国神话传说中的仙居之山。图中以太湖石及松喻嵩山,全图寓意人寿与嵩山等高。)

必得其寿

寿石作为吉祥物不仅见于园林、清供、盆景，亦常见于图画。石始终如一，恒寿长久，且坚贞沉静，因此传统吉祥图案常以奇石入画祝人长寿。如"长命富贵"，绘石、牡丹、桃花的纹图；"嵩山百寿"，绘石、桃、萱草、松柏的纹图；"必得其寿"，绘木笔花与石的纹图；"寿居耄耋"，绘石、菊、蝴蝶和猫的纹图等，常用于画稿、什器上。

猫蝶富贵

（六）灵龟

古代,龟被视为高贵、神圣的灵物,它与龙、凤、麒麟并称"四灵"。

"龟者,天下之宝也,生于深渊,长于黄土。知天之道,明于上古,游三千岁,不出域。安平静正,动不用力。居而自匿,审于刑德,先知利害,察于祸福,以言而当,以战而胜。王者宝之,诸侯尽服。"(《史记·龟策列传》)这里列举了龟的知天之道、和平安静、寿命长久、四时变色等诸多灵性。

刘向《说苑》云:"灵龟文五色,似玉似金。背阴向阳,上隆象天,下平法地……蛇头龙胫,左睛象日,右睛象月,千岁之化,下气上通,能知存亡吉凶之变。"因此,早在原始社会,龟已作为鲧系氏族部落图腾而受到崇拜。

殷商时期,龟又被视为沟通人与天帝的灵物。在河南安阳殷墟故址中,出土了大批龟甲。最早的文字还刻在它的背甲上,即古代认为最神圣的卜辞。先祖通过龟甲向天帝询问凶吉、预卜未来。迄今的历史学家还依靠甲骨文来认识上古的史事。

龟自古以来就被认为是长寿的吉祥物。《史记·龟策列传》中太史公写道:"余至江南,观其行事,问其长老,云龟千岁乃游莲叶之上……又其所生,兽无虎狼,草无毒螯。江旁家人常畜龟饮食之,以为能导引致气,有益于助衰养老,岂不信哉!"不仅自己长生,而且它的周围,恶兽毒虫都不敢走近,因此人们畜养着它以帮助自己延年益寿。

传说龟千年生毛,"能与人语"(《玄中记》)。寿五千年称为神龟,万年称为灵龟。龟寿越长,其神通也越大,而其身体反而越轻。"(龟)三百岁,游于渠叶(荷叶)之上;三千岁,常游于卷耳(植物名)之上"(《宋书·符瑞志》)。"陶唐之世,越裳国献千岁神龟,背上有文,皆科斗书,记开辟以来。帝命录之,谓之龟历"(《述异记》)。

在我国历史上,龟曾受到人们普遍的尊崇。《周礼·春官宋伯》载有以龟命名的官职"龟人",职掌六龟之属。战国时,大将之旗,以龟为饰,取其前列先知之义。汉朝则取元龟铸九鼎,称为"龟鼎",为国家的重器,帝位的象征。丞相、诸侯的官印,都将黄金铸成龟形作钮,为权力地位的象征。故古代又把龟作为印章的代称。唐代,"龟袋"又成为象征官员品爵高低的佩饰。三品官佩金龟,四品官佩银龟,五品官佩铜龟。著名诗人贺知章在长安街头与李白一见如故,金龟换酒,一醉方休,成为文坛千古佳话。

龟鹤齐龄

（由鹤立龟背组成。《龟经》:"龟一千二百岁,可卜天地终结。"《淮南子》:"鹤寿千年,以极其游。""龟鹤齐龄"寓意人寿极高。）

龟寿千年

（龟与龙、凤、麒麟并称"四灵"。龟背驮碑即"龟寿千年",寓意人长寿之极。）

　　龟在古人心目中是如此灵异,特别因为它是长寿的象征,所以古人取名喜用"龟"字。尽人皆知的如唐代乐工李龟年、诗人陆龟蒙。翻一下《二十四史纪传人名索引》,名字里有"龟"字的着实不少,单是《唐书》中就有王龟、李灵龟等多人。以"龟"作字号的更多,如唐诗人张志和宋王十朋都称龟龄,宋沈其求称龟溪,何兑称龟津,洪明称龟文,杨时称龟山先生,陆游称自己的居所为"龟堂",自号"龟堂老叟",而龚开称龟城叟,元朝谢应芳称龟巢老人,明代方渊称龟鹤山人,清代潘恭寿称龟潜,黄丕烈也称龟巢老人。这些都是历史上很著名的学者、诗人、藏书家。

　　据近代动物学的知识,龟为水陆两栖的爬行类动物,确实耐饥渴,寿命很长,至少能活到百岁。作为长寿的象征是当之无愧的。所以,人们常以"龟龄"来比喻、颂扬受尊敬的老者,很多祝寿时赠送的镌刻着如"鹿春龟年""龟鹤齐龄"等吉祥语或绘有如"龟龄鹤寿"等吉祥图案的牌匾,代表着人们对吉祥长寿的美好祝愿。

商代青铜器龟纹

龟龄鹤寿

（七）寿画

福禄寿图 民间有"三星在户"的俗语，"三星"就是传说中的"福禄寿"三神，是传统"五福"概念进一步集中和浓缩的产物，它们代表了世俗社会基本的、主要的追求。因此，以表现"福禄寿"为题材的图画，也就成了祝寿庆典上最常见的物品。自家寿堂大多悬挂此图，来宾也多敬献此图。画面通常是一个和蔼可亲的老寿星形象，持杖牵鹿，杖头挂葫芦或仙桃，也可以手捧仙桃，身旁有飞舞的几只蝙蝠。蝙蝠、鹿（或葫芦）和仙桃分别寓意福、禄、寿。有些地方的福禄寿图，在寿星身后画一个正翘首仰望蝙蝠飞来的小童，这叫作"翘盼福音"，体现人们对幸福长寿的渴望。

寿山福海图 此图常作为家人为老人祝寿时悬挂于寿堂的礼物。亲友贺寿也常赠此图。图案上边是在天空中飞翔的蝙蝠，下边为巨大的岩石兀立于大海之中。岩石代表山，蝙蝠代表福，整个画面寓意"福如东海，寿比南山"。

福禄寿三星高照

寿山福海

松鹤长春图 松树的风姿、雄伟醉人千古。它是一种生命力极强的常青树，不畏冷冻风寒，郁郁苍苍。人们赋予它意志刚强、坚贞不屈的品格，与竹、梅一起被称为"岁寒三友"，而予以敬重。民间更爱它常青不老，在传统装饰上，它是长寿的代表。人们常把松和鹤组合在一起用来作为长寿的象征，因为鹤在民间被视为羽族之长,仅在凤凰之下。《花镜》称鹤:"一百六十年则变止,千六百年则形定,饮而不食。"故常谓"松鹤长春""鹤寿松龄""松鹤延年""松鹤遐龄"。画面上,一般是画一株挺拔苍翠的青松,树上或树旁画上两只美丽的白鹤,背景则为白云、远山、红日。也有龟、鹤画在一起的叫"龟龄鹤寿""龟鹤齐龄""龟鹤延年"。如果将鹿、鹤与梧桐画在一起就叫"鹿鹤(六合)同春",寓意"福寿双全"("禄"也有"福"的意思)。如果画众仙仰望寿星跨鹤则叫"众仙仰寿"。

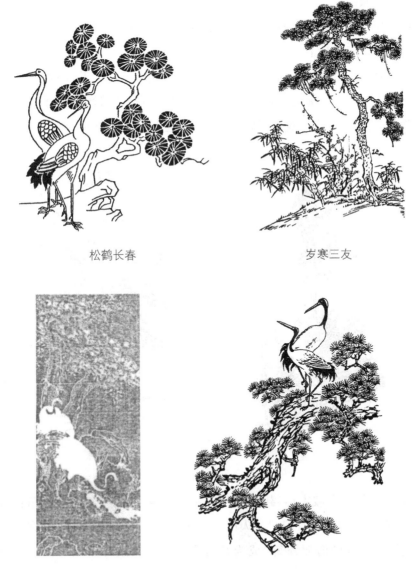

松鹤长春　　　　　　　　　　　岁寒三友

松鹤延年　　　　　　　　　　　鹤寿松龄

富贵耄耋　这是在我国大部分地区流行的一种祝寿吉祥图案,常用于为年满七十或八十岁的老人祝寿。画面上常是一株盛开的牡丹花,几只彩色蝴蝶在牡丹花上盘旋纷飞,花旁有几只逗人喜爱的小猫瞪着蝴蝶,做跃跃欲扑之状。耄耋大致是指从七十岁到九十岁这一年龄段,所以后来就以耄耋作为长寿的代称。猫谐音"耄",蝶谐音"耋",牡丹花艳丽,历来被视为大富大贵的象征。三者合在一起,就是"富贵耄耋"的意思。以猫和蝶为主的画面还有"寿居耄耋"图,由寿石和猫蝶组成。

民间用于表示祈寿吉祥的图案还很多,它们可以用于服饰、家具、图画、雕塑或各种日用工艺品上。

天仙拱寿　由天竹、水仙、梅、寿石及绶鸟等组合成图。天竹的"天"与水仙的"仙"合为"天仙"。梅花五瓣象征"五福"。"绶"与"寿"谐音,绶鸟便成为长寿象征物,而绶带又是官吏身份、品级的标志,故也是富贵的象征。

寿居耄耋

天仙拱寿

海屋添筹　《东坡志林》载:"尝有三老人相遇,或问之年。一人曰:'吾年不可记,但少时与盘古有旧。'一人曰:'海水变桑田时,吾辄下一筹,尔来吾筹已满间屋。'"后以"海屋添筹"成为祝寿之词。海屋添筹图以海屋飞来寿鹤寓之。

群芳祝寿　图中以桃花、月季、灵芝、绿竹代表"群芳"。"芳"也指花香,《离骚》说"兰芷变而不芳兮"。芳,又喻美名或美德,寓众多品德美好的人齐来祝寿。

齐眉祝寿　《后汉书·梁鸿传》说:"(梁鸿)为人赁舂,每归,妻为具食不敢于鸿前仰视,举案(有脚的盘)齐眉。"世称夫妻相敬为"举案齐眉"。图画中以梅、竹、绶谐音"齐眉祝寿",寓意夫妻间相敬如宾、互敬互爱、白头偕老。

灵猴献寿　《西游记》中,猴被神化为家喻户晓的美猴王、齐天大圣。猴是灵长类动物,"猴"与"侯"谐音,因而作为吉祥物。灵猴献寿图为灵猴手捧仙桃(又称寿桃),寓意加官晋爵,长寿千年。

海屋添筹

齐眉祝寿

灵猴献寿

万寿无疆　"卍"原为梵文,引入中国,主要还是以图案形式出现,音"万",又称"万"字纹。卍与变体寿字配合而成的纹图称"万寿"。卍字的端头伸出拉长,意为绵长不断,与万字合为"万寿无疆",象征年寿永久、无止无疆,多用于对帝王君主的称颂。

万寿无疆

三、祈寿吉祥物

(八)寿幛

寿幛,也称礼幛,是我国民间流行非常广泛的一种祝寿礼物。大约从明代开始流行幛词,并在此基础上逐渐形成寿幛,后来成为布置寿堂时必备的一种装饰。一般是在整幅或大幅的布帛上面写上或剪贴上吉祥的祝语、贺词,向寿星表示祝贺。所用的布帛一般为红色或金色,大小如中堂。

清末 八仙祝寿寿幛

（九）寿屏

寿屏是用作祝寿礼物的书画条幅，上面题写吉语、贺词或画上八仙、寿星之类内容的画。过去很多富贵之家相互庆贺寿诞时，送的寿屏镶金嵌玉，以示隆重和敬意。

寿屏有两种，一种为四条幅、六条幅或八条幅，联列成组，挂在墙上；另一种是雕刻或镶嵌的祝寿用座屏或插屏，陈设在几案上。《红楼梦》第七十一回中描写贾母寿辰时提到了当时寿屏的情况："贾母问道：'前儿这些人家送礼来的，共有几家围屏？'凤姐儿道：'共有十六家。十二架大的……一面泥金百寿图的是头等。'"如今的寿屏，内容往往选择名家字画来装裱，以突出格调和品位。

（清）王尔烈寿屏

（十）寿蜡

寿礼专用的蜡烛称为寿蜡。一般为红色,长 30 厘米左右,重约 0.5 千克。蜡烛面上印有金色"寿"字或"福如东海""寿比南山"一类吉祥祝语。举行寿礼时置于寿堂几案蜡扦上,放置寿蜡的数量各地不等。寿礼开始时点燃寿蜡,以示祝贺,又增添许多欢乐喜庆的气氛。

寿蜡

四

寿诞礼俗

(一)贺喜报生

婴儿出生是家庭的一桩大喜事。因此,当婴儿一诞生,产妇至亲在极小范围内为新生儿祝福,主人要到亲戚、朋友、邻家去报喜,报喜也就成为人生开端之礼仪。

按我国的传统观念,一个家庭添丁加口,表明人丁兴旺。所以,一般来说,生男生女都是喜事,于是就有了不分性别的报喜礼俗。妻子产下婴儿后,丈夫即携红鸡蛋(俗称喜蛋)到岳母家"报生"。去时还要带一把锡壶,内装黄酒,壶嘴插柏树枝或万年青,寓意长命百岁;返回时岳母家则必送米或蛋一类食品。有些地方有提鸡报喜的习俗,孕妇生头胎的当天,夫家要备上两斤肉、两斤酒、两斤糖、一只鸡,由女婿到岳父家报喜。

对性别加以区别的礼俗在传统礼俗中具有典型性。早在先秦时期,就有所谓"弄璋""弄瓦"之说。"璋"是美玉,代表男孩子;"瓦"是土器,代表女孩子。故此,生男孩叫"弄璋之喜",生女孩叫"弄瓦之喜",这虽有重男轻女之意,但毕竟谓之喜事。在浙江地区,报喜时提公鸡表示生了男孩,提母鸡表示生了女孩,提双鸡则表示生了双胞胎。在河南开封,生子报喜用双数鸡蛋象征男孩,而在其他地方反而以单数鸡蛋象征男孩。有些少数民族,如彝族,生了男孩报喜送母鸡,岳父母回赠一只公鸡。

生孩子除了报喜之外,民间还有在家门口张挂诞生标志的习俗。东北地区,生了男孩在产房门口挂上柳木做的小弓箭,并且用红布扎起来;若是生了女孩,就在门上挂条小红布。学者多以为这是古风遗存。据《礼记·内则》记载,先秦时谁家生了男孩在门左边挂上弓,生了女孩就在门右边挂上佩巾。弓是男性象征,左代表男性方位;佩巾是女性象征,右代表女性方位。其后,在长期的历史发展中,各地区、各民族形成了各具特色的诞生标志。如晋西北地区,生男孩在门外贴一对红纸剪的葫芦(象征男孩),生女孩则贴一对红色的梅花剪纸(象征女孩)。又如,中原开封地区,产妇娘家送的鸡蛋,每个蛋头上点黑点,表示生男;生女送鸡蛋则点红点,并在数量上减少一个。

（二）三朝洗礼

婴儿出生后的第三天，家庭要摆宴席招待亲朋邻里，同时举行象征性的开奶、开荤礼仪。这种礼仪简称"三朝"。据说早在唐玄宗之时，中国四大美女之一的杨玉环就曾为安禄山"洗三"。这一待遇，到了宋朝，大文豪苏东坡在诗文中提到过"洗三"风俗。《东京梦华录》和《梦粱录》均记载有婴儿出生三日"落脐灸囟"的习俗。可见三朝礼在当时已有了相当的普遍性。

三朝礼仪式由一位妇女主持。她一边用手指把几滴黄连汤抹在婴儿嘴上，一边说："好乖乖，三朝吃得黄连苦，来日天天吃蜜糖。"然后，把肥肉、元糕、酒、糖、鱼等和成的汤水，用手指蘸少许涂在婴儿嘴上，同时念道："吃了肉，长得胖；吃了糕，长得高；吃了酒，福禄寿；吃了糖和鱼，日子有富余。"然后，让婴儿吃一口其他母亲的乳汁。最后由接生婆为婴儿施行洗礼，叫作洗三。洗三的方法为：先预备一盆温暖的水，加入艾叶、花椒、葱、姜、蒜等，很快有浓浓的药草香气弥漫开来，接生婆麻利地用一条松软的毛巾蘸着盆中香汤水从头到脚

三朝洗礼

地给孩子擦洗，接着，又拿事先准备好的鸡蛋在孩子头顶滚动，念道："滚滚头，一生不用愁；滚滚手，富贵年年有。"清洗完毕，接生婆把孩子的脐带盘在肚子上，敷上烧过的明矾末，再用姜片做托，拿点着的艾香头象征性地灸一下孩子的脑门和四肢关节，然后用干净毛巾蘸干了孩子全身，拍拍孩子说："我把乖乖拍几拍，发富发贵由你得。"然后接过新的小包被，把孩子严严实实地包好。孩子母亲接过孩子，小家伙开始吮吸母亲的乳汁。这就是所谓开奶，即开始喂奶，古代风俗认为经过三朝礼后才正式进入婴儿期，也是正式哺育婴儿的开始。

三朝礼在我国曾经是比较盛行的传统，只是随着社会的进步，医疗条件的改善，如今已经很少有人请接生婆来在家接生。先进的医疗技术普及城乡，新生儿在刚一出生就会被安排清洗身体，洗三的礼仪已经很难再见到了。

(三)满月礼

婴儿出生满一个月时,许多地方要为婴儿举行满月礼,又叫弥月礼。满月之日,亲朋携礼品至婴儿家祝福,称为"弥月之敬"。

传统的婴儿满月礼,有一种独具特色的内容——"围盆",或称"搅盆""添盆""移窠"等。宋朝孟元老《东京梦华录·育子》载:"亲宾盛集,煎香汤于盆中,下果子彩钱葱蒜等,用数丈彩绕之,名曰围盆。以钗子搅水,谓之搅盆。观者各撒钱于水中,谓之添盆。盆中有枣子直立者,妇人争食之,以为生男之征。浴儿毕,落胎发,遍谢坐客,抱牙儿入他人房,谓之移窠。"宋人吴自牧在《梦粱录·育子》书中说:"若富室宦家,则用此礼。贫下之家,则随其俭,法则不如式也。"今已不行此礼俗。

传统社会在婴儿满月礼时,一般是婴儿的女性长辈送礼,礼品多是小儿衣物。山西俗谣云:"姑姑家的帽子,姨姨家的鞋,老娘家的铺盖拿将来。"旧时北京则讲究"姨家的布,姑家的活儿",即衣物由小孩姨家出布料,姑家缝制。

满月礼的重头戏是主人宴请宾客吃满月酒。河南开封的习俗是把这番喜庆大宴挪到了孩子出生九天或十二天之时。当地也有做满月的,原因是担心产妇及婴儿身体弱,想等其身体硬朗些时再经历这场大热闹。做九天(借"九""久"之吉祥意)、做十二天(十二同样是一吉利数,似与一年十二个月、十二生肖的循环有关,取其圆满之意)与做满月没有任何区别。而且,开封的习俗有利用日期的细微差别来区别男女,男孩做满月在出生后第二十九天,女孩则是出生后第三十天,但名称一致,都叫作满月。

满月礼中还有剃胎发、出门游走等仪俗。剃胎发也叫"铰头""落胎发"。剃头的仪式是隆重、严肃的,伴随着许多俗信,突出地反映了人际关系方面的注意和强调。浙江绍兴一带,满月剃头时外婆家要送各色礼物,其中必有圆镜、关刀、长命锁,圆镜照妖,关刀驱魔,长命锁锁命。剃头也有一定的规矩。山东郯城是请邻家三个年轻姑娘,手持剪刀在小孩头上比划着剪三下,接着小孩母亲再铰。一些地区剃头在额顶要留"聪明发",脑后要蓄"撑根发",眉毛则全部剃光。婴儿的胎发又称"血发",受之父母,除了要留一些表示对父母的尊敬、孝义外,剃下来的也需谨慎地收藏起来。有的地区是将胎发用红布裹紧供在祖神或其他各路神面前求庇佑,也有的是拴在婴儿手上求护佑的,或者是缝在小孩枕

四、寿诞礼俗

头上以避邪；有的则是搓成圆团，用彩线缠好，挂在堂屋高处或放在门楣上，预示孩子将来有胆识。

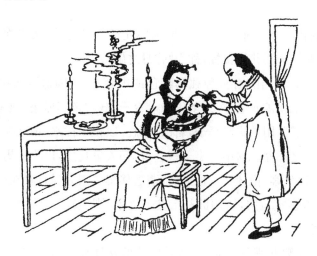

剃满月头

满月剃胎发的种种讲究，一般被认为是出于对婴儿胎发的禁忌心理。远古先民们极为重视头发、胡须等身体上的毛发，认为其中藏有人的灵魂。这当然是建立在当时人们认识中灵魂、肉体分离的基础之上。慎重处理胎发，一方面要留，正头顶的呼歇顶被认为是灵魂出入的孔道，额顶上留下头发（即"聪明顶"）意在保护小孩灵魂不跑出体外、要长留发间；脑后留的发（即"撑根发"），也叫"八十毛儿"或"小鳖尾儿"，是取其长寿之相。一方面是剃，认为在满月这个祛除污秽的紧要关头，污染有母体血污和秽气的胎发要在婴儿出来见世面前剃掉，以免招惹邪祟；另一方面，剃下的胎发，有些地方收藏起来，也有些地方都不保存，这时人们会念念有词："（胎发）随风走，活到九十九，（胎发）随风刮，活到八十八。"

在许多地区，满月剃头的礼仪要由婴儿的舅舅主持，或必须有舅舅参加；若舅舅没来，需捏一个蒜臼，以示舅舅在场。这种习俗可以看作是母系社会人际关系的遗留。

至于满月出门游走的习俗，是指婴儿由特定的人怀抱外出。宋代满月礼落胎发以后，"抱牙儿入他人房"，即由外婆或舅舅抱婴儿到自己家礼节性地小住。在这之外的外出游走，也是由外婆或舅舅抱着孩子到大街上或邻居家里走一走，因为是孩子第一次出家门，要"向上走"，也就是选择比自家地势高的地方出行，寓意孩子将来步步向上。

（四）百家衣饭百家锁

婴儿出生第一百天时举行百日礼。百日礼的名称就寓意着祝福新生儿长命百岁。百日礼也叫百晬，《东京梦华录》说："生子百日置会，谓之晬。"又称"百岁"，明代沈榜《宛署杂记》说："一百日，曰婴儿百岁。"相沿至今，西北、中原一些地区仍称百日礼为"过百岁"。北京城则称之为"百禄"，胡朴安《中华全国风俗志·京兆》云："一百日后，名曰百禄，请客与满月时同。"

举行百日礼，在设宴请客方面和满月没有什么区别。简朴一些的只备办几桌酒席。大户人家则有门前搭红、黄两色的彩牌楼或挂红黄彩球；院内搭酒棚、摆茶座；正厅作为礼堂，铺红毡、烧红烛、供神像；左右设案，陈设所收各种礼品。

百日礼品和满月大同小异。亲友前来祝贺所送的礼品有礼金、贺联、贺幛等。礼金用红封套装着，外边写上"弥敬"，这是小儿百日时通用的祝词。但有的给生男孩家祝贺时写"弄璋"，给生女孩之家祝贺时则写"弄瓦"或"代玲"。贺联多用装裱好了的红色对联，上面写上贺词，如祝贺生男写"英物啼声惊四座，德门喜气恰三多""麒书征国瑞，熊梦兆家祥"等。贺幛，多用红色为主的彩缎、彩绸（或彩布），长4～6米，绷有红纸幛光，上面书"天降麒麟""瓜瓞绵绵""螽斯衍庆""长命百岁"等祝词。

华封三祝

（《庄子》载：帝尧巡视年，华之封人祝颂曰，愿圣人多福多寿多男子。此即所谓"华封三祝"。后以佛手、桃、石榴纹样组合称三多，象征多福、多寿、多子。）

百日礼俗中最有特点的是穿百家衣、吃百家饭、戴百家锁这些象征意味明显的行为。百家衣是集各种颜色的碎布头连缀而成的，虽然布头不一定来自百家，但敛布的家数越多越好。穿百家衣是利用"百"圆满、完全的象征意义祝福婴儿长命百岁，所以有的孩子一直穿到周岁才脱掉。

在华北，有的农村给小孩过百岁时，有穿五毒兜兜的习俗。五毒兜兜就是婴儿贴身穿的小兜兜上有用彩线绣的蝎子、蜈蚣、壁虎、长虫（蛇）、癞蛤蟆五种毒虫，兜兜的左上角或右上角绣有一个小葫芦，葫芦嘴朝着五种毒虫。当地传说这幅图像是为了纪念八仙中的铁拐李用葫芦收服五种毒虫,保护孩子平安度过百天。西北和中原地区的不少地方都有五毒的信仰。河北唐山是以葫芦为辟邪五毒的法物,有些地方是用老虎,大概是虎崇拜的遗存,更多的地方是只绣五种毒虫,人们认为只要穿上五毒兜兜就可以辟除外界的邪祟了。

百家锁也叫长命锁,与此相关的还有长命缕、百家索、百家链,都是祝福婴孩长命百岁的象征物。百家锁或金、或银、或铜镀银、或银镀金、或宝玉。一般锁上有文字或图案。在锁的两面都有文字,多是"百家宝锁""长命富贵""长命百岁"等,图案则是象征寿数绵延不断的吉祥物。例如,由蝙蝠、寿字或桃、如意(吉祥物)组成的"福寿如意"图纹,铸在婴孩佩戴的百家锁上,菩萨的诞生日(农历二月十九)这一天,其上系以压胜钱,让他们顶礼膜拜,祈祷长寿,传说这意味着能锁住寿命。

绣有五毒图案的小儿兜

长命锁

百家锁讲究由百家凑钱制成,有些地方更要求百家之内必须有谐音长、命、富、贵的四姓人家才算真正取吉。有的婴孩佩戴百家锁到周岁,有的到十二周岁,届时要举行开锁的仪式。

百家锁流行于明清时期,其前身是"长命缕"。佩戴长命缕的习俗,最早可追溯到汉代,据《荆楚岁时记》《风俗通》《岁时广记》等书记载,在汉代每逢五月初五端午佳节,家家户户在门楣上悬挂上五色丝绳以避邪。到了魏晋南北朝时,由于战争频繁,加之瘟疫、灾荒不断,人民渴望平安,所以用五色彩丝编成绳索,缠绕于妇女和儿童手臂,并

福寿如意

("福寿如意"图案寓意多福长寿,遂心如愿。)

逐渐成为妇女和儿童的一种臂饰,不仅用于端午,还用于夏至。这种彩色丝绳就被称作"长命缕",也有叫"长生缕""续命缕""延年缕""五色缕""辟兵缯""朱索""百索"等名称的。到了宋代,这种风俗不仅在民间流行,还传进宫廷;除妇女儿童之外,男子也可佩戴。每年快到端午节时,皇帝还亲赐续命缕给身边大臣,好让他们在节日期间佩戴。宋代又称这种五彩丝绳编结物为"珠儿结""彩线结",可见其制作已较复杂,除丝绳、彩线外,还穿有珍珠等贵重饰物。在当时京都等地的街市上还有不少店铺和市贩专门销售这种饰物。到了明代,这种习俗又有所不同,成年男女使用者日少,通常用于小儿满周岁时,并成为一种颈饰,百索的进一步发展就成了长命锁。

一些地区还有吃百家米(或饭)的习俗。旧时乞丐乞讨时,农家常在给乞丐米时从其米袋里抓一把珍藏起来,叫作百家米;也有的人家用红布做成口袋,由婴儿父母或至亲挨户讨要。用百家米或讨要得来的米做的饭就叫百家饭。民间认为,吃百家饭有依靠众人养护婴儿的意思。人多力量大,能给身体柔弱、魂魄不稳的婴儿创造更宽松、舒适的生活环境,使其可以健健康康地成长。

（五）抓周礼

小孩出生满一周年，称作"周岁"。周岁礼意味着以贺生为主体的诞生礼即告过去，由此转入了小孩的早期教育，寿礼系列开始了。

周岁礼比较隆重。丰盛、喜庆的周岁宴必不可少。庆贺、祝福是这场喜宴的主题。浙江的萧山，周岁这一天要祭祀神灵和祖先，亲戚朋友多送衣服鞋帽。当然此时的衣物都较百日礼的时候为大。此时孩子已能行走，所以有试鞋仪俗，就是让孩子试穿新鞋，祝福其顺利成长。旧时流行送虎头鞋，用黄布精心制作而成，鞋头绣一虎头，虎额绣"王"字。人们认为虎为"百兽之王"，小儿穿虎头鞋可以壮胆避邪、安全成长。

周岁礼中最突出、最普遍的仪俗是"抓周"。抓周仪俗也叫"拈周""试晬""试儿"等。南北朝时期的家训著作《颜氏家训》，其《风操》篇就说到当时江南流行的"试儿"风俗：在小孩周岁时给他做新衣服穿，好好打扮一番，试儿时取用的物品，男孩用弓矢纸笔，女孩用刀尺针缕，还要配上一些吃的食品、玩的玩具，一块放到孩子跟前，

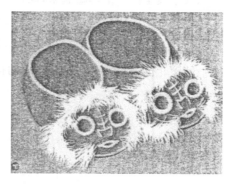

虎头鞋

通过孩子抓取的物品来预测他未来的前途、志向和兴趣。其实北方也有这种仪俗。《爱日斋丛钞》引《玉壶野史》说，曹武惠王的一周岁生日，父母罗列百玩珍宝试儿，结果武惠王左手提干戈，右手取祭祀用的俎豆，过了一会儿又拿了一枚大印，别的看也不看。干戈是能武善战的标志，俎豆表示执掌祭礼，大印则是权力的象征。武惠王抓取干戈、俎豆、大印，后来也正是这样，终成王霸之业。

所以，抓周是卜幼儿前途和职业的一种礼仪。到了宋代，抓周习俗在中原也盛行起来。《梦粱录·育子》载："其家罗列锦席于中堂，烧香秉烛，顿果儿饮食，及祖父诰敕、金银七宝玩具、文房书籍、道释经卷、秤尺刀剪、升斗戥子、彩缎花朵、官楮钱陌、女红针线、应用物体，并儿戏物，都置得周小儿于中座，观其先拈者何物，以为佳谶，谓之'拈周试晬'。"《东京梦华录》称周岁为"周晬"，称此时为"小儿之盛礼"。

清末民初,北京民间仍然盛行这种小儿抓周礼。虽然,小儿周岁并不搭棚办酒席,也不下帖请客,但近亲仍都不约而同地前往祝贺,聚会一番。一般不送大礼(如贺幛、金银首饰),仅给小孩买些食物或玩具。抓周的仪式,一般在中午吃那顿"长寿面"之前进行。旧时比较讲究的富户会在床(炕)前陈设大案,上摆印章,儒、释、道三教的经书,笔、墨、纸、砚、算盘、钱币、账册、首饰、花朵、胭脂、吃食、玩具;如是女孩,抓周还要加摆铲子、勺子(炊具)、剪子、尺子(缝纫用具)、绣线、花样子(刺绣用具)等。一般人家限于经济条件,多将此仪式简化,仅用一铜茶盘,内放私塾

抓周试儿

启蒙课本《三字经》或《千字文》一本、毛笔一支、算盘一个、烧饼油果一套,女孩加摆铲子、剪子、尺子各一把。接下来,由大人将小孩抱来,令其端坐,不予任何诱导,任其挑选,观其先抓何物,后抓何物。如果男孩先抓了印章,表明长大以后必承天恩祖德,官运亨通;如果先抓了文具,表明长大以后好学,必有一笔锦绣文章,终能三元及第;如先抓算盘,则表明其将来善于理财,必成陶朱事。如果女孩先抓剪、尺之类的缝纫用具或铲子、勺子之类的炊事用具,则谓长大善于料理家务。相反,小孩先抓了吃食、玩具,也不能当场就说其"好吃""贪玩",也要被说成"孩子长大之后,必有口福、善于及时行乐"等。

显然,抓周具有明显的巫术、兆验的特点。它以各种各样的象征物品在一刹那间测卜孩子的志趣、前途和将来要从事的职业,这种做法是毫无科学根据的。小孩拿什么东西只是偶然的和下意识的,其中绝不会包含什么必然性。今天的很多地方依然保存着这种习俗,只不过人们更看重的是这种习俗的喜庆气氛。

（六）成年礼

从"三朝"到"满月"，再到"周岁"，这是人生的头一岁里所要庆贺的三个日子，这是小生命成长的起步阶段。"周岁"以后，便年年"过生日"了。不过，周岁以后的生日，最具纪念意义的有七岁日，古称"悼"或"龆龀"（音"条衬"），因为这时人正处于换牙时期；还有十岁日，古称"幼"或"幼学"，就是说，人这时应开始学习知识和某些技能了。

许多地区、许多民族在孩子长到十二周岁的时候，其生日纪念特别受到重视，大多伴随着一些礼仪。这些礼仪，在各地的称谓、内容、方式不同，但基本都有标志成年的意义。"十二"这个数字在中国民间信仰中是个极其重要的数字，是个含义丰富的吉祥符号。一年十二个月，一天十二个时辰，地支的数目也是十二，这些现象非常直观地向人们展示着"十二"的特殊意义。作为表示时间的周期，"十二"的意义在于一轮循环的完成，是一个圆满的结束。与小孩百天挂锁相承接的圆锁仪俗（有的地方也叫作脱锁礼）就在孩子十二周岁生日举行。

在孩子十二周岁这一天，一般要铺排酒席，大宴宾客。来者多是女客人，所携礼品各色不同。西北一些地区，客人所携礼品最突出的是面花，其中最具特色的是送给当事人的面盆和面项圈。仪式一般在孩子十二周岁的喜庆宴会前，象征性地给孩子戴一下面盆和面项圈。面项圈的前部是一把锁，周围按顺序排列十二生肖，此外还有九个石榴一个佛手。

与圆锁礼相类似的是"还愿"仪俗。福建、台湾等地是把孩子带到挂锁时许愿的那位女神的庙中，摆上贡品烧香磕头之后，才能除去百家锁。如果是向织女星许愿挂锁的，则要在七夕的晚间向织女星祭拜后，才能脱锁。华北许多地区则是到奶奶庙去举行圆锁礼。山东《解县志》载："解俗于生子十二岁，洁粢丰盛，张灯结彩，往祭后土庙。是日，亲族来贺者若干人，里党来贺者若干人，烹羊庖羔，极其欢宴。富者甚有演戏数日，酬谢后土，谓之'还愿'。"十二岁举行的还愿、脱锁礼，意味着孩子告别过去的孩提岁月，他们还有很长的一段路要走。

传统的成年礼又称成丁礼，其仪式是冠礼、笄礼。古时候，汉族男女在幼年时把头发扎成状如一对牛角的小髻，垂在脑后，称"总角"或"垂髫"。陶渊明《桃花源记》中就有"黄发垂髫，并怡然自乐"之句。至十五岁左右接近"成丁"时，则把头发束成髻，盘在头顶，称为"束发"。《大戴礼记·保溥》云："束发而就大学、学大艺焉，履大节焉。"女子到十五岁，行"及笄"礼，笄是古代妇女盘头发用的簪子，女子及笄，标志着已经成年。

古代男女都挽发髻，新石器考古发现五六千年前的人已梳理发髻。之后发髻的种类多种多样，有的盘于头顶，有的梳在头侧，还有的盘于脑后。发式是妇女美的重要标志。用笄、簪固定和连接发髻，使之不致松散坠落，在我国已有五千多年的历史。从考古出土文物看，古代发笄的形式繁多，质地多样，有石笄、骨笄、木笄、蚌笄、玉笄、铜笄和金笄等。至秦汉时代，笄也被称作簪。簪的质地和工艺亦随着时代的发展而不断进步，主要有玉簪、银簪和金簪等，并一直沿用至今。

由于古代以笄安发，当男孩十五岁左右，接近"成丁"时，就要"束发"；当女孩过了垂髫之年，也要举行成年仪式，称之为"笄礼"。《礼记·内则》记载："女子十有五年而笄。"《仪礼》载："女子许嫁，笄而礼之。"都说明女孩成年、许嫁，便可以梳髻，故而古代又称女子的成年礼谓"及笄"。周秦以来，女孩子束发梳髻，插笄固发，即是少女成年的标志。

与"笄礼"相类似的是插梳。在发髻上插梳的历史久远。新石器时代遗址中，曾出土了五千多年前的石梳、玉梳、象牙梳和骨梳，考古证明这些梳子是插在发髻上的妆饰。秦汉魏晋以来，插梳之风渐趋流行，到唐代盛极一时。这时的梳子有金、银、玉、犀角、竹、木等质地。如唐代遗址中出土的金片制成的梳子极为精美，梳背上錾刻了数层花纹，中央镂雕双凤纹。宋代妇女仍崇尚插梳，且出现了冠梳。北宋苏轼《于潜令刁同年野翁亭》诗云："山人醉后铁冠落，溪女笑时银栉低。"该诗形象地描绘出溪边妇女笑低了头，致使"银栉（指银梳）低"的美丽动人的形象。明代小说《金瓶梅词话》描绘妇女发髻上的妆饰："周围小簪儿齐插，六鬓斜插一朵并头花，排草梳儿后押。"说明当时妇女在发髻上仍然喜欢插梳。

古代男子到二十岁才可以行"冠礼"。男子加冠前为"童子"，接近加冠年龄为"弱冠"。李学勤在《古代的礼制和宗法》一文中说：冠礼在宗庙举行。准备加冠的青年的父亲先用占卜方法决定行礼的日期，并决定请哪一位宾客来为青年加冠。确定后通知宾客。到行礼那一天，早晨将一切准备好，准备加冠的青年在房中站定。父亲请宾客进门，入宗庙就位，加冠的青年也从房间出来就位，然后行礼。宾客把规定的服饰给青年加上，共进行三次，分别称为"始加""再加""三加"。礼毕，宾客举杯敬酒，祝福青年。青年由宗庙西边台阶走下，去拜见他的

四、寿诞礼俗

"三星"图案
（这件儿童服装衣上绣着的"三星"图案把传统社
会的人生理想——福、禄、寿做了全面的表达。）

母亲,见母以后,回到西阶以东,由宾客给他起一个字(名字的字)。礼成后,青年之父送宾客出庙门。被加冠的青年先见他的兄弟姑姊,随后再见乡大夫、乡先生等。青年的父亲以酒款待所请的宾客,送他束帛、俪皮,最后敬送出家门。

冠礼除了加冠、拜见以外,文化意义比较浓厚的是取字。现在的人名俗称名字,其实古时候名和字是有分别的。字在冠礼的时候才取,此前是没有字的,所以说"童子无字"。只有长大成人了,行过冠礼,一个人才有了字。所以字是成人的标志。《礼记·冠义》说:"已冠而字之,成人之道也。"

古代成年礼是男女青年成年时举行的礼仪。其礼仪的形式因民族与地域的不同而各具特点,但总的来说,多借行此礼仪向青年传授历史知识、生产技能和习俗禁规。成年礼标志着少年时代的结束,青年从此进入成人的行

三娘训子图(朱仙镇年画)

列而享受公民权、恋爱权,而开始新的成人的生活,因而受人尊敬、受人欢迎。

现代的成年礼,更准确地说还具有成年礼特征的活动,已分散到其他人生礼仪活动(如婚礼等)之中了。但成年礼分性别而行的特点始终都未变。一些少数民族地区男子至今仍保留着与汉族男子冠礼相似的礼仪,如文身、铰眉、修发、留须等,每一礼仪都有各自独特的风俗习惯和言行规范。

（七）岁星·本命年·顺星

孩子满了周岁以后，十二岁仿佛是一个特殊的时刻，圆锁或"还愿"都在孩子满十二岁这一年进行。不仅如此，凡是逢年岁为十二倍数的年份，民间按旧例都有许多与祈福、求寿、免灾有关的俗信活动。

"十二"这个数字如此特殊，这要从中国古代的岁星崇拜说起。《左传·襄公九年》："十二年矣，是谓一终，一星终也。"这里所谓"一星"，指的是岁星，又称木星。古人通过长期的观察，发现木星在天幕上大约十二年沿黄道运行一周，平均每一岁在黄道里经行黄道十二宫的一个宫，依次用子、丑、寅、卯、辰、巳、午、未、申、酉、戌、亥这十二个地支来标识，木星因此而被称为岁星。后来，岁星逐渐被神化，被认为是一位值岁的神，权力极大，又称太岁。《协纪辨方书》引《神枢经》说："太岁，人君之象，率领诸神，统正方位，斡运时序，总岁成功。若国家巡狩四方、出师略地、营造宫阙、开拓封疆，不可向之。黎庶修营宅舍、筑垒墙垣，并须回避。"又引《黄帝经》："太岁所在之辰，必不可犯。"古人认为凡是做与动土有关的事，都不能冲着岁星所在的方向，否则就一定会遭殃，于是有了"太岁头上不宜动土"的禁忌。汉代前后，太岁神已分化为十二个。北魏时就设立了十二个太岁神的专祠分别祭祀。

由于地支数太少，用来计数不太方便，所以早在商代，人们就发明了用甲、乙、丙、丁、戊、己、庚、辛、壬、癸这十个天干数和十二个地支数搭配计数的方法。当时人们用天干、地支搭配组合的六十甲子数来记录年、月、日和计算人的年龄。商代人连取名字都用干支，例如商代帝王就有叫"祖丁""祖甲""祖乙"的。这样，人的年龄就和岁星的运行联系起来了。后来，道教将六十甲子星宿化，每一位神仙都有名有姓，都有大将官衔，这六十位星宿神在天庭中轮流任太岁。每一位星宿神都有从官十余名，按干支顺序轮流，各自负责管理和处置每一日的事务，称值日功曹。

地支数是由用十二种动物（即鼠、牛、虎、兔、龙、蛇、马、羊、猴、鸡、狗、猪）纪年发展而来的。尽管这十二种动物后来为子、丑、寅、卯、辰、巳、午、未、申、酉、戌、亥这十二个符号所代替，但这十二种动物也就被认为是这十二年依次值年的生肖，也就是当年出生的人的属相。每过十二年，每个人就会重复一次出生时的值年生肖，这一年也就是这个人的本命年。

民间认为，人在本命年里会遇到许多灾厄，只有进行禳解，才能祈求神灵庇护,逢凶化吉。禳解的主要办法就是祈求当年值班星的保护。传说北方真武大帝身边的金童玉女贪恋人间,偷偷下凡。金童投生周家,是为周公,以算命为生;玉女则转世为桃花女。一天,有位姓石的婆婆为儿子石留柱算命,周公算出其子寿数已尽,命在旦夕。石婆婆回家途中遇桃花女,桃花女告诉了她祭星禳解之法。原来,桃花女在天庭中偷得星宿神轮值的秘密,知道每年由一位星宿神专司值岁之职,其余不当职的星宿神不得干涉;只要诚心求告本命元辰,则本命元辰便可不予追拿性命。

十二生肖压胜钱

(压胜钱是古时流行的一种铸成钱币形式的吉利品或避邪品,供佩戴和玩赏用。古人把十二生肖图案装饰在压胜钱上,是祈求岁岁平安之意。)

这样,祭星人便可增寿一纪(十二年),其他星宿均不会过问。石婆婆依言而行,其子石留柱也因此得以不死,周公的算命当然也就失误了。从此这一秘密广为人知,人们纷纷祈拜本命星,以求延寿。

唐朝贞元年间,吉州刺史魏耽罢位,住在洛阳。他的女儿十六岁,长得十分漂亮。夏天的一个晚上,父女俩正在院中乘凉,忽然天空裂开一条缝,一个身材很高的人从裂缝中落下,走到父女俩面前。此人穿着紫色衣服,佩戴金色饰物,黑色的脸上留着长长的胡须。紫衣人对魏耽说:"我姓朱,天帝命我来做你的女婿。"魏耽看他从天上下来,不敢抗拒,答应在后日成亲。紫衣人便腾空而去。魏耽与妻子十分忧虑,但还是准备酒席等待。一天,魏家马夫突然闯进堂来,魏耽正要责备他没有规矩,马夫却匆匆地说:"我见使君脸色忧虑,就跑过来了。"并一再请求说:"请问,有什么为难的事吗?"魏耽只好把事情告诉了他。马夫说:"不用担心,这只不过是一件小事而已。"说完就走了。到了成亲之日,紫衣人真的来了。这时,马夫突然闯了进来。紫衣人一见,慌忙下拜。马夫厉声说道:"天帝罚你在人间赎罪,你怎么又来骚扰凡人呢?天帝对你非常生气。打入天牢,关上一百天!"临行前他对魏耽说:"我就是你的本命星。你昼夜焚符修道,值日功曹早已告诉了我,今天就是对你的回报。刚才那人是贼星,现在已关押起来了,你不用再担心了。"

人们根据自己的出生年而礼拜本命元辰之神,乞求本命星保佑自己吉祥如意,一生顺利,这叫"拜顺星""求顺星"或者"祭顺星""祭本命星"。某人在本命

四、寿诞礼俗

年到来之时就更要祭拜顺星,以使自己在本命年里平安顺利。北京地区旧例拜顺星在正月初八夜晚举行,据说这一天是天上诸神降临人间的日子。届时民间将红色棉纸剪成小块,叠剪压成灯花状,蘸上香油,放在茶盘中点燃,同时焚香叩头祈祷。所点灯的数目有一百零八盏的,有四十九盏的,也有按本命星灯盏数的。除了在家中祭星外,也有不少人到寺庙祭祀。北京白云观有顺星殿,又叫元辰殿,是金章宗为奉祀自

北京白云观庙会

己母亲的本命神而建造的。每到正月初八晚上,观中道士就鸣钟鼓、诵经文,举行"祭星大典",许多人来这里请观中道士将自己的本命年庚写下,代为祭拜顺星。

在北方,旧时无论大人小孩,凡是在本命年做生日的,都要扎红禳解。生日那天,小孩一般穿红背心、红裤衩,大人则扎红腰带;这年的腊月三十,从日落到次日日出,"扎红"的大人小孩都闭门不出,已婚男子由妇人陪伴,以避邪驱恶,祈求吉利。本命年的孩子在生日那天"跳姑圈",就是把头顶的头发剃光,四周留下一圈,以期祈福避灾。

现在相信在本命年祭拜本命星宿就可以免灾延寿的人已经不多了,但许多人仍然愿意把它当作自己人生道路上的一个重要转折点。十二岁、二十四岁、三十六岁、四十八岁和六十岁也的确具有重要意义,它们分别是人生进入少年、青年、壮年、中年和老年的几个关键年份。虽无须拜求本命星辰,但借此机会前瞻后顾一番,总结一下经验教训,还是有益的。

(八)生日礼

生日礼在民间被称为"做生",最大的特点是每年一次,它在诸般人生礼仪中是最严格遵照时间规律举行的一种仪礼,而且年年重复,最具连续性。也许是因为一年一周期的时间循环来得过于频繁,民间对成人诞辰的庆祝一般比较简朴。只有一些大户人家的尊长,其子女为示敬意而为其生日操办寿诞,庆祝仪式较为隆重,但也多不邀请亲友参加,只是家人团聚一下而已。

庆祝家庭成员中成人的诞辰,一般是准备较丰盛的酒菜,在生日那天全家人一起聚餐。有时也请些比较亲密的亲友相聚。如果祝寿人和"寿星"分居两地,家人照样可以进行庆祝活动,但事前要寄给"寿星"一封生日祝贺信,信要写得热烈和诚挚,而且最好要让"寿星"能在生日当天收到。

生日吃寿面是我国民间的传统习俗,取其"长寿"之意。我国南方为老人祝寿还有向邻居送寿面的习俗。一般是一碗用大猪排做盖浇的面条。邻居对此不应客气或拒绝,还要向主人口头表示生日的祝贺。

近年来不少家庭在祝贺诞辰的活动中,增添了吃生日蛋糕的活动。糕,乃"高"的谐音,意为祝愿"寿高"。

人的一生,寿是至关重要的。五福寿当先。寿诞礼仪是我国传统文化中比较独特的人生信仰。在古代文献资料中,这方面的记载不计其数。人们不仅在现实生活领域中千方百计地寻求、实践长寿之道,也苦心孤诣地在信仰、礼仪生活里创造、应用长寿之术。在长期的现实生活中,人们创造了祝福、庆贺长寿的礼仪——寿礼。此后,人们又根据社会价值观等赋予一些行为以特定的意义,比如拣佛头儿上寿,对人弄刀折寿……从而趋利就福、远祸避患。再后来,随着文化的发展,人们还创造了寿星这样一位吉祥人物,还把"寿"字用许多形体写出来,还择定许多长寿的象征物,借以寄托长寿愿望。这些都构成了我国传统寿诞礼俗的丰富画卷,而其中寿礼最为突出。

不管是哪一种民间寿诞礼俗,都能体现出中国的传统民间文化,例如,一些地区小孩十岁的生日由外婆家给做,称"爱子寿";青年二十岁的生日由岳家做。"做九不做十",即逢整十时在虚岁数九的那年做寿。有的地方"男不做十,女不做九",十、九和当地方言"鸠"谐音,故不做。四十不做,因"四"与"死"谐音。

在岭南地区,民间有"添粮补寿"的习俗。他们普遍认为吃"百家米"可以补助健康、延年益寿。"讨粮补寿",即由老人亲自到粮行去讨粮,一般粮行都允许老人抓一把米,老人也留几分零钱。讨几十个粮摊,可得三四公斤(1 公斤＝1 千克)米,然后专供老人"补寿"食用。"添粮补寿"一般在九月九日重阳节进行,一世只办一次,大都是在满六十周岁的那年举办,但也有高寿的人一世搞几次的,即隔三五年便搞一次。

人们相信行善积德能延年益寿。扶贫济弱、修桥补路都是善举,可以积德。不过,这做起来并不容易,所以就产生了可以积寿、增寿的象征性行为,诸如诵经礼忏、烧香祷告、施舍、放生等。

从诞生到这个世界开始,人就一步步向死亡迈进,而且无法停止。自从孔子在川上叹息"逝者如斯夫",中国人就创造了众多的语言意象来表达自己的这种感悟:韶华不再,逝水流年,等等。生日礼的种种表现,也是这种心理的外化形式之一。

（九）奇怪生日·计算年龄

  人们一年一次地过生日。生日这个时间，从理论上来说它是唯一的，但其实不然。由于中国传统社会实行的农历（即阴阳合历）与如今通行的阳历（即公历）不同，民间百姓说生日一般也有两个，一个是阳历生日，一个是农历生日，二者只在人出生那一年是重合的，以后就不太容易碰面，短的隔几天，长的要隔个把月。

  一般说来，从辛亥革命到新中国成立前夕出生的人，都会有两种历法的生日。但人们只记住属于农历的生日，而忽略了属于阳历的生日。新中国实行公元纪年法，过阳历生日的人一天天多起来，有的人甚至在一年间过两个生日。

  有的人还可在同一天过两种历法的生日。如：某人是 2021 年 3 月 21 日出生，这一天又是农历二月初九日，那么他在十九周岁那年、三十八周岁那年，都可以在同一天过两种历法的生日。因为公历和农历的对应关系每 19 年循环一次。

  也有两种历法的生日跨在两个年份内的。这主要是因岁首和岁尾的差异所形成的。一般说农历十一月十五日之后出生的人，都可能是公历下一年年初出生的人。如：与公历 1947 年所对应的农历是丁亥年（猪年）。某人此年农历十一月二十二日出生，则相当于公历次年的 1 月 2 日了。

  习惯于过农历生日的人中，有的要相隔十多年才能过一次生日。这种情况表现在闰月里出生的人的身上。如某人 1930 年闰六月出生，则要在 1941 年、1960 年、1979 年、1987 年、2017 年才可以过农历生日，因为以上几个年份才是闰六月之年。而有的人活到六十岁才能过一次农历生日。如一个孩子是 1995 年闰八月出生。经查阅气象出版社 2002 年版《中华五千年长历》，直到 2052 年才出现一个闰八月。那么这个闰八月出生的孩子将在五十七岁时才能过第一个农历生日。

  我们都知道，生日相差一年，就是年龄多一岁或少一岁了。有人习惯于按阴阳五行说的规定来推定人的生辰八字。五行说规定，立春为一岁之首。凡立春之前出生的人应属上一年，立春之后出生的人应属下一年。这样，往往就使年龄多了一岁或少了一岁。少一岁的如：1974 年相对应的农历是甲寅（虎年），这年 2 月 4 日立春（农历正月十三日），某人于 1 月 28 日（正月初六）出生，那么他不应属虎，而应属牛。多一岁的如：某人 1983 年 2 月 10 日出生，而 2 月 4 日立春，相当于上年农历壬戌年（狗年）十二月二十二日立春，由于规定立春后出生属下一年,此人属相不应是狗,而应是猪。

按五行说的规定,有的人生日推迟了一个月。五行说按节气月计算月份,如立春至惊蛰为正月,惊蛰至清明为二月,清明至立夏为三月,以此类推。如1982年农历二月十一日惊蛰,某人于二月初九日出生,则此人不应算作二月出生,应算正月里出生。也有生日提前了一日的人。五行说分一昼夜为十二个时辰,以十二地支命名,每时辰含两个小时。子时是下午11点末至翌日1点末。若某人于五日夜间11点后至12点前出生,则他应定为六日出生。

人的生日方面的种种不同情况关系着人的年龄的差异。不过,在实际生活中,一般有三种不同的年龄计算方法。

一是确切年龄,指的是从出生到计算时所经过的时间:计算时的年、月、日减去出生时的年、月、日。例如,1959年4月28日出生的人在1982年6月30日的确切年龄是23年2个月余2日。在实际生活中,一般只对不满一周岁的婴儿计算确切年龄。

二是周岁年龄,即从出生起到计算时为止共经过了多少个整年,也可以说过了几次生日,或者说上一次生日时的确切年龄。这样,出生后到第一个生日之前为0岁。过了第一个生日,直到第二个生日止为一岁以后,每过一次生日便长一岁,每个人都在自己生日那天改变岁数。周岁年龄以年数为单位,不足一年的舍去不计。周岁年龄是人口学和人口统计工作中通用的计算年龄的方法。

三是人们平时常说的年龄,从出生开始就算作一岁,几岁就是指出生后的第几年。这个年龄是指虚岁年龄。因此,虚岁一般比周岁大一岁。我国过去计算年龄不是在过生日时长一岁,而是在过年时大家都同时长一岁。这样,对于生日在过年之后的人来说,生日前这段时间就虚出两岁,要一直到再过生日之后,才恢复到只虚出一岁。

（十）传统祝寿礼

生日时举行的礼仪称为寿诞礼，又简称祝寿礼。终生要重复好多次。但因年龄不同又有所差别。虽然这些礼仪的中心意义在于祝福、庆贺健康长寿，但对于孩子、青年一般不叫祝寿礼，而俗称"过生日"。过生日是为了纪念一个人的成长。人们认为，小孩子、青年人做寿是不妥的，要折寿。只有到了一定的年龄才能举行祝寿礼。祝寿俗称"做寿"，是表示对老人的孝敬。如果父母在，即使年过半百也是不能"做寿"的，因为"尊亲在，不敢言老"。

民间一般从六十岁开始做寿。也有不少地区在四十岁以上开始祝寿。有的地方则不论年龄，只要添了孙子就可庆寿了。但一般的规律是：祝寿年龄越大越隆重，整数之寿（俗称"整寿"）较零数隆重。"人生七十古来稀"，这个年龄以后的祝寿礼很是隆重的。庆祝寿辰，一般不能自己给自己庆祝，而应由子女或亲朋出面举行。习惯上，以百岁为上寿，八十岁为中寿，六十岁为下寿。

子女或亲戚朋友在决定给"寿星"庆祝寿辰之后，应预先发请帖给其他的亲朋好友，或只作口头邀请，亲友接到请柬后，一般都应准备一些寿礼。常见的寿礼有寿桃（如季节不当时，也可用面做成桃的样子）、寿糕、寿面、寿烛、寿屏、寿幛、寿联、寿画等。只准备其中一两样即可。礼品中一般要加上一些象征长寿的图案。有些地方的礼品独具特色，如山东掖县出嫁的女儿回娘家为父亲祝寿，一定要做祝寿馈馈一摞（5 个）。蚕乡——浙江海宁的儿女则要给老人做绸衣、绸裤、绸面鞋子，用"抽不尽的蚕丝"祝福老人长寿绵绵。

延寿万年

（我国发现最早的筒瓦端头（瓦当）是西周晚期的半圆形瓦当，通称半瓦当。秦汉以后流行圆形瓦当。后瓦当纹饰和文字多用在吉祥图上。这幅"延寿万年"寓意长寿绵绵。）

主办庆寿活动的人家，应预先设立"寿堂"。寿堂摆设以具有浓郁喜庆色彩的红色为基调，堂屋正当中摆设有长几、八仙桌、太师椅，并用寿屏、长幔作衬托，中堂上用纸或绸剪一个或书写一个大红"寿"字（或挂一幅书写的"百寿"中堂),两边各为一百个形体各异的福字,表示百福捧寿,福寿双全。寿堂两边墙上挂寿幛,上面叙述寿星的生平、功德,桌上供有仙茶、仙酒、仙果,均是讨吉利的;左边摆放寿糕,糕取"高"之谐音,有高山之意,祝老人高福高寿;右边摆放寿桃、寿面、寿酒。张灯结彩,铺排陈设,焕然一新。

大寿

(此为清代年画,为祝寿中堂画。图中一大寿字,其内饰以琼台、玉楼和寿星、王母、天宫、禄星,下有八仙、麻姑、东方朔等神话长寿老人。)

按照旧俗,寿辰庆祝活动从寿辰前夕就已开始。亲友寿礼都先行送到;当天晚上先由女儿女婿设宴为"寿星"庆寿,并款待宾客。这在民间叫作"暖寿"。第二天才是寿辰正日,寿星老人坐在寿堂正中太师椅上,司仪主持仪式,亲友、晚辈都来上寿。平辈往往只是一揖,子侄辈则为四拜。有的并不设寿翁,客人只是到寿堂礼拜,由儿孙辈齐集堂前还礼。当然,平常人家也有不设寿堂只设寿宴的。旧时北京的习俗,多是到香烛铺请一份木刻水印的"本命延年寿星君"的神马儿,夹在神祇夹子上,寿宴前摆上寿桃、寿面,点一对红烛,压一份敬神钱粮而已。

寿筵是祝寿礼的重要一环,主家往往大开宴席,款待来客。宴席的肴馔不外乎鸡鸭鱼肉、山珍海味,但少不了的是面,俗称"长寿面"。寿宴席终,当宾客们拜谢时,主人也要适当回赠一些纪念物品。

"开寿""花甲寿""六六寿""古稀寿""过大寿"和"过九",都是中国的传统祝寿礼俗。

第一次做寿叫作"开寿",是由丈母娘来操办的。许多地方在女婿婚后第一次过生日或女婿满三十岁生日时,岳父岳母带着礼品到女婿家去贺寿。礼品有黄鱼一对、猪肉十斤(1斤=500克)、面条十斤、米酒两瓶、衣服两套,以及桂圆、枣子、橘子等。鱼象征"富贵有余",米酒象征"粮食充足",面条象征"长命百岁",衣服象征女儿"有依靠",桂圆、枣子寓意"早生贵子",橘子象征"大吉大利"。收到礼物后,女婿要打酒、割肉、买菜来款待岳父岳母,还要以长寿面和果品、糕饼等回敬岳父岳母,敬祝岳父岳母健康长寿。

花甲寿。古代以天干地支的排列组合来计算年份和日期,从甲子、乙丑……排列下去,满六十为一个周期,古人称为六十甲子。后来,人们就以"甲子"或"花甲"代称六十岁,又叫"花甲寿"。人们认为活满了一个甲子就相当于过完了天地宇宙人生的一个完整周期。所以,汉族民间特别重视庆贺花甲寿诞,礼仪比普通的寿礼更为隆重。

一些地方把六十岁生日寿仪叫作"还甲宴",意思是活了六十岁以后就等于重新回到了自己出生的时候,从此开始了自己的第二次生命周期,所以要举行特别隆重的还甲宴寿礼。我国朝鲜族六十寿礼的仪式和汉族寿礼相仿,只是在寿宴结束以后,主人和客人要在一起载歌载舞,共庆老人健康长寿。

在长江中下游各省市,当父亲或母亲年满六十六岁时,其出嫁的女儿要为其做寿,这叫作"六六寿"。这一天,女儿将猪腿肉切成六十六小块,形如豆瓣,俗称"豆瓣肉",红烧以后,盖在一碗大米饭上,连同一双筷子一起放在篮子内,上面用一块红布盖上,由女儿、女婿送给老人品尝。肉块多,寓意老人多福多寿,父母在鞭炮声中高高兴兴地美餐一顿。江南地区的"六十六,女儿家中吃碗肉"谚语,指的正是这一习俗。

人们常把七十岁叫古稀之年,把七十岁生日做的寿仪叫作"古稀寿"。届时子女亲友都来贺寿,送来寿幛、寿烛、寿桃、寿面、寿联等,同时设寿堂,张灯结彩,接受晚辈和亲友的叩拜、祝贺。礼毕,共享寿宴。

从六十岁生日开始,凡逢整十,如六十、七十、八十岁生日时举行的祝寿礼,都叫作"过大寿"。有些地方也特指老年人八十岁生日时举行的祝寿礼庆典,所以又叫作"庆八十",是流行在全国大多数地区的一种寿诞风俗。人活到八十,便被人们誉为老寿星,八十岁做生日是大庆,因而显得格外隆重。

人们普遍认为,"十"意味着"满","满"则"溢","满"又意味着完结。所以,许多地方,不

七十古稀

（古时,人活七十甚为不易,故人们都以晚年能含饴弄孙为天伦之乐。）

在整十周岁时做寿,而是提前到头一年,即虚岁满十岁时做寿。但是,我国许多地方又流行所谓"逢九之年是厄年"的说法,所以不少地方在老人生日逢九之年,一般都是提前做寿,也就是"做九不做十",俗称"过九"。做寿那天,正堂挂寿幛,两边挂寿联,在红布铺好的香案上点两支大红寿烛,设置拜垫,寿翁接受晚辈叩拜祝福;中午吃寿面,晚上亲友聚宴。宴席散后,主人向亲友赠桃,同时加赠饭碗一对,俗称"寿碗",民间以为这样受赠者可以添福加寿。

在民间,五十九岁、六十九岁、七十九岁等这些所谓"明九"都被人重视,有的地方还重视所谓"暗九",即九的倍数,如六十三、七十二、八十一等。"明九"和"暗九"之年,民间还有一些其他的化解办法。如穿红衣服,小孩可穿在外面,大人则穿在里面,还要系上红腰带,以期逢凶化吉,平安健康。

传统社会的祝寿活动时间长、仪式繁,费钱财又耗精力,而且封建礼教气氛浓重,现在已完全无此必要照搬了,一般只需在寿辰的当天亲友聚会,送上一些寿礼表示致贺,主人家也只需招待一餐宴席,主客感到尽兴就可以了。

（十一）近代祝寿礼

寿诞礼仪是中国传统文化的一部分，千百年来一直沿袭着。

首先要发放请柬，告知在何时、何地举行祝寿活动。与此同时还要布置祝寿会场。如"寿星"年事已高，且条件许可，也可在其家中客厅里布置"寿堂"。会场中央或厅堂正中，通常张挂有"寿"字的大红寿幛，上面高悬寿匾，两旁可张挂寿联。屋里摆置松柏、翠竹、梅花、万年青等象征高寿与品质的花卉盆景。播放的应是热烈的喜庆乐曲。

祝寿仪式由司仪主持。首先宣读机关团体向"寿星"发来的祝寿函电，接着由声望高、地位显的来宾致祝寿词，然后各界代表陆续发言道贺。致词内容，主要是赞颂"寿星"对国家、对人民和对其所从事事业的贡献。致词结束，各界代表向寿翁赠送寿礼，一般多是文房四宝、精美书籍及名人字画。寿翁在收受贺礼后应致谢，也可由其学生、子弟代为答谢。

无论是在会场还是家中举行祝寿活动，都可以在茶几上摆上一些水果。通常是预先订做一个较大的奶油蛋糕，然后众人分吃，并佐以水果茶点。这样既经济实惠，又使宾客尽兴。用茶点的同时，可由文艺体育团体演出一些节目，或请知名艺人客串表演。

参加祝寿活动的全体宾客可与寿翁一起合影留念。"寿星"一般年事较高，这种照片弥足珍贵。有条件的还可摄制一些录像片，日后也将成为珍贵的历史资料。

参加祝寿活动不同于一般性的走亲访友或赴宴。因为这是社会交往中的礼仪性活动，务必做好必要的准备工作。凡团体或个人参加祝寿活动都要携带一些寿礼。寿礼一般可选包装精美、做工精细的，含有祝贺健康长寿、吉祥如意意义的食品或物品。在农村，至今仍习惯赠送糕团、寿面等，还会放上红纸或由红纸剪成的"寿"或"福"字，或者寓意长寿和兴旺发达的饰花。城市中习惯赠送蛋糕的宾客，亦应注意裱花时裱上"寿"字或画上寿桃等。

寿日是大吉大利的日子，参加祝寿活动的服饰宜选用色调明快、含有吉庆之意的红、黄等色，切忌穿全黑、全白的服装，也忌穿黑白相配的服装。对于"寿星"及其亲属，以及宾客，语言上都要以祝贺、颂扬为主。一切易引起争论的话题都不宜在祝寿活动或宴席间交谈。即使过去曾与某人发生过不愉快的事，见面时也应有宽宏气度，将往事搁置一边。宴饮要节制，不能饮酒过量，以防止失态或失仪。

举行祝寿礼仪时,过去一般是同辈抱拳打躬,晚辈鞠躬,儿孙辈有的地方行跪拜礼。现在同辈一般为握手,晚辈或儿孙辈也只需鞠躬就行了。

当祝寿活动结束时,主人家往往适当赠给客人一些回礼,俗称"敬福",对此,祝寿者不应拒绝收受。

五

寿庆应酬

(一)年寿代称

总　角

童年。古代,幼儿把头发扎成状如一对牛角的小髻,称总角。《诗经·齐风·甫田》:"总角卯兮。"角,小髻。卯,儿童的发髻向上分开的样子。朱熹《诗传》卷句:"卯,两角貌。"后人因此用"总角"代指童年。

垂　髫

童年。男女结发都称"髫"。髫,指扎束在头上或脑后的各种发式。古代,儿童未成年时,不戴帽子,头发下垂。后人因此以"垂髫"代指童年。

束　发

青少年。古时男子成童时,头发束成髻,盘在头顶,后人因此以"束发"代指成童,一般指十五岁左右。《大戴礼记·保傅》:"束发而就大学,学大艺焉,履大节焉。"明代归有光《项脊轩志》:"余自束发,读书轩中。"

及　笄

女子十五岁。笄,古代妇女盘头发用的簪子。即女子满十五岁时,举行"加笄礼",把绾结的发束插上簪子表示成年。及笄,又称"笄年"。蒲松龄《聊斋志异·青凤》:"右一女郎,裁(才)及笄耳。"及笄礼始于先秦,《礼记·内则》:"女子……十有五而笄。"

豆　蔻

十三四岁的少女。唐代杜牧《赠别》诗:"娉娉袅袅十三余,豆蔻梢头二月初。"后人因此以"豆蔻"年华喻少女十三四岁。

破　瓜

女子十六岁。古代文人把"瓜"字拆开,成为两个八字,因此称十六岁的女子为"破瓜之年"。清代翟灏《通俗篇·妇女》:"宋代谢幼卯词:'破瓜年纪小腰身.'……瓜字破之为二八字,言其二'八'一十六耳。"

待　年

女子待嫁的年龄。语出南朝宋范晔《后汉书·曹皇后记》:"小者待年于国。"李贤注:"留住于国,以待年长。"《文选·宋文皇帝皇后哀策文》:"爰自待年,金声凤振。"

黄花闺女

未出嫁的年轻姑娘。古代的女子们就注重梳妆打扮,尤其一些名门贵族和有钱人家更是十分讲究。当时除流行画眉外,还时兴"贴黄花"。贴黄花就是少女们根据自己的爱好,用黄颜色在额上或脸部两颊上画各种花纹;也有用黄纸剪成各种花样,贴在额上或两颊,作为一种装饰。久而久之,贴黄花成为一种习俗。"黄花"也就成了少女的特征。同时,"黄花"又指菊花。因菊花能傲霜耐寒,常用来比喻有节操。因此,人们在闺女前面加上"黄花",不仅说明这个女子还没有结婚,而且表示这个姑娘品德高尚,心灵纯洁,能保持贞节。

弱　冠

男子二十岁。古代男子二十岁行"冠礼",将头发盘结,戴上帽子,因未成年,故称"弱冠"。《礼记·曲礼上》:"二十曰弱冠。"西晋左思《咏史》诗:"弱冠弄柔翰,卓荦观群书。"

而　立

三十岁。孔子《论语·为政》:"吾十有五而志于学,三十而立。"后人因此称三十岁为"而立"之年。

不　惑

四十岁。《论语·为政》:"四十而不惑。"说的是人到了四十岁,社会经验较多,遇事能辨是非,不再疑惑。后称四十岁为"不惑"之年。应璩《答韩文宪书》:"足下之年,甫在不惑。"

强　壮

四十岁。《礼记·曲礼上》："四十曰强而壮。"说的是男子年四十,智虑气力皆强盛,可以出仕。

天　命

五十岁。《论语·为政》："五十而知天命。"意为五十岁时对自然和社会规律有了相当理解。后人因此称五十岁为知"天命"之年。

艾

五十岁。《礼记·曲礼》："五十曰艾。"孔颖达疏:"发苍白如艾也。"意思是说老年头发苍白如艾的颜色。

花　甲

六十岁。以天干地支顺次组合为六十个错综参互的名号而得名。《唐诗纪事》:"(赵牧)大中咸通中效李长吉为短歌对酒曰:'手捋六十花甲子,循环落落如弄珠。'"

耳　顺

六十岁。《论语·为政》："六十而耳顺。"意为六十岁时容易听取各方面的意见。故称六十岁为"耳顺"之年。

耆

六十岁。《礼记·曲礼上》："六十曰耆,指使。"

古　稀

七十岁。杜甫诗《曲江》："酒债寻常行处有,人生七十古来稀。"

耄　耋

老年。《礼记·曲礼上》："八十、九十曰耄。"《诗经·秦风·车邻》："逝者其耋。"毛传:"耋,老也。八十曰耋。"后人因此称八十岁、九十岁为"耄耋"之年。

鲐　背

长寿老人。鲐背指老人身上生斑如鲐鱼背。《诗经·大雅·行苇》:"黄耇鲐背。"《尔雅·释诂》:"鲐背,寿也。"后人因此以"鲐背"代指长寿老人。

期　颐

百岁。《礼记·曲礼上》:"百年曰期颐。"期,需要;颐,照顾。孙希旦集解:"百年者饮食,居处,动作,无不待于养。"意思是百岁老人需要后代赡养。宋代苏轼《次韵子由三首》:"到处不妨闲卜筑,流年自可数期颐。"

悬弧之辰

男子生日。古代诞生礼俗,生了男孩便在门的左侧挂一张弓——弧,因此称生男为悬弧,男子生日即称为悬弧之辰。

华　诞

生日。华,光辉,光彩。华诞即对生日的美称。

悬帨之辰

女子生日。古代诞生礼俗,生了女孩就在门的右侧挂一幅帨帉帨,因此称生女孩为悬帨,女子生日即称为"悬帨之辰"。

弄　璋

男孩诞生。璋,一种玉器,为古代王侯所佩用。《诗经·小雅·斯干》:"乃生男子,载寝之床,载衣之裳,载弄之璋。"意思是希望所生的男子将来也能佩戴玉饰,成为王侯。因此称生男为"弄璋"。

弄　瓦

女孩诞生。瓦,一种纺锤、纺织的工具。《诗经·小雅·斯干》:"乃生女子,载寝之地,载衣之褓,载弄之瓦。"意思是希望所生的女子将来能胜任女红。故称生女为"弄瓦"。

(二)敬语·谦语·雅语

在我们这样一个具有悠久传统文化的国家里,在一些正规的场合以及一些有长辈或与人初次打交道的情况下,恰当地使用敬语、谦语和雅语,能体现出一个人的文化素养以及尊重他人的个人素质。

敬语是表示尊敬和礼貌的词语,也称"敬辞"。我们日常使用的"请"字,第二人称中的"您"字,代词"阁下""贵方""尊夫人"等,便是常用的敬语。如与别人谈话或给别人写信,在敬称对方的亲属时,常使用"令""尊"和"贤"这三个字。"令"字,如称对方的父亲为"令尊",称对方的母亲为"令堂";称对方的兄弟姐妹为"令兄""令弟""令姐""令妹";称对方的儿子为"令郎",称对方的女儿为"令爱"等。"尊"字,习惯上用于称对方的长辈,如称其祖父为"尊祖",称其父亲为"尊父""尊大人";也有称对方的同辈长者为"尊兄""尊姐"的。"贤"字,只用于平辈或晚辈,如称呼其兄弟姐妹为"贤兄""贤弟""贤姐""贤妹"。称对方的配偶时,也有"尊""贤"通用的,如对别人的妻子既可称为"尊夫人",也可称"贤内助"。敬语也有一些惯常用法,例如:初次见面称"久仰",很久不见称"久违",请人批评称"请教",求人原谅称"包涵",麻烦别人称"打扰",求给方便称"借光",托人办事称"拜托",赞人见解称"高见"等。

谦语亦称"谦辞",与"敬语"相对,它是向人表示谦恭和自谦的一种词语。敬语和谦语是同一事物的两个方面,即对人使用敬语时,对己则使用谦语。如在别人面前谦称自己为"愚""鄙人"。又如,向别人谦称比自己辈分高或年龄较大的亲属时,在称谓前面冠一个"家"字,如"家祖父""家祖母""家父""家母""家叔""家婶""家兄""家嫂""家姐"。谦称比自己辈分低或年龄小的亲属时,则在称谓前冠一个"舍"字,如"舍弟""舍妹""舍侄"。对自己的子女及配偶谦称,则在称谓前冠一个"小"字,如"小儿""小媳""小女""小婿"。

雅语,是指一些比较文雅的词语。例如正当你走在大街上,忽然觉得想上厕所,这时,你可能会直截了当地向人询问:"请问,哪儿有公共厕所?"但如果你在别人家里做客,你就必须这样说:"我可以使用一下这里的盥洗间吗?"或者说:"请问,哪里可以方便?"另外,在待人接物时,要是你正在招待客人,在上茶时,应当说"请用茶";如果还有点心招待,可以说:"请用一些茶点。"假如你先于别人结束用餐,你应该向其他人打个招呼说:"请大家慢用。"只要你的言谈做到彬彬有礼,人们就会对你的个人修养留下较深的印象。

（三）直旁亲系表

				直系亲				
			旁系亲	高祖父母	旁系亲			
		旁系亲	曾伯（叔）祖母	曾祖父母	曾伯（叔）祖父	旁系亲		
	旁系亲	堂伯（叔）祖母	伯（叔）祖母	祖父母	伯（叔）祖父	堂伯（叔）祖父	旁系亲	
旁系亲	再堂伯（叔）母	堂伯（叔）母	伯（叔）母	父母	伯（叔）父	堂伯（叔）父	再堂伯（叔）父	旁系亲
三堂姐妹	二堂姐妹	堂姐妹	胞姐妹	己身	胞兄弟	堂兄弟	二堂兄弟	三堂兄弟
	再堂侄女	堂侄女	胞侄女	子	胞侄男	堂侄男	再堂侄男	
		堂侄孙女	胞侄孙女	孙	胞侄孙男	堂侄孙男		
			曾侄孙女	曾孙	曾侄孙男			
				玄孙				

（四）寿诞请柬

请柬又叫请帖。以请柬邀请亲朋好友参加寿诞活动，一般在举办寿礼前将请柬发出。祝寿柬帖一般由子孙或亲友具名，不由寿星自己具名。寿柬还有一些固定用语，称父亲为"家父""家严"，称母亲为"家母""家慈"。男子生日称"悬弧"，女子生日称"设帨"。儿子可自称"承庆子"，若有祖父母在则可自称"重庆子"。寿柬的款式有横排、竖排两种。例如，以子孙具名的寿庆柬帖，父寿用"家严"或"家父"字样，母寿用"家慈"或"家母"字样，双寿则用"家严慈"字样。兄弟较多的可由长子或在外最有声誉的子女代表具名，有几代同堂的，只用"率子孙鞠躬"字样，不必附所有人的名字。又如，为亲友具名的寿庆柬帖，多半适用于在社会上比较有声望的人士，落款时应列载亲友代表的姓名。

祝诞请柬

例一：弥月请柬　　　　例二：送弥月或周岁礼帖式

例一：
×月之×日为小儿弥月之辰，敬治汤筵。
恭候
台光
×××
×××
拜订

例二：
晬盘之敬
弥月
×××
×××顿首拜

谨具
八寿
仙星
全全成全
堂堂副挂贺
项手锁镯申

正

例三:为父母祝寿帖式

×月×日为家严(家慈)六旬寿辰,洁治桃觞,敬候阖家光临。

×××鞠躬

×月×日

席设××处

例四:为父母预祝请酒帖

×月×日为家严(家慈)八秩①,预庆治筵,恭候光临。

×××鞠躬

×月×日

席设××处

例五:双寿请酒帖

×月×日为家严慈七秩双寿,恭备薄筵。

敬请

×××

玉赐

×××顿首

×月×日

席设××处

---

① 寿诞礼仪中,概括性地称呼年龄又叫"秩",一秩为十岁,六十岁以外叫"开七秩",还有"开八秩""开九秩"等。

例六：一般通用寿请帖式

　　×月×日×××寿辰，略备薄筵。
敬请
×××　　　　　　　　　　　　驾临指导
　　　　　　　　　　　　　　　　　　×××鞠躬
　　　　　　　　　　　　　　　　　　×月×日

席设×××处

过去流行竖式请柬，例如：

子孙具名

家严悬弧荷蒙，
制锦×日×时洁茗候教。
　　承庆子　鞠躬

亲友具名

×月×日为×××先生八十华诞，谨定于×日上午××时在××路×××礼堂设筵祝贺。
恭请
光临
　　×××等谨订

谨詹×月×××日为家严×旬补庆寿筵
恭候
光临
席设××
　　×××鞠躬

谨詹×月×××日为家严×预庆治筵
恭候
光临
席设××
　　×××鞠躬

×月×××日为家严慈双寿
恭候
光临
席设××
　　×××鞠躬

（五）寿幛题词

贺人寿诞所赠之锦幛，一般在整幅的色绸或色布上缀以题词。不论直式或横式的锦幛，皆采用长方形。可以用被面代替锦幛，折叠成长方形，再在其上剪贴题词。寿幛的撰写应考虑到寿者的身份、年龄、职业等特征，多用四字组成的赞颂性词语。

通用寿题词

寿比南山	德高望重	老骥伏枥	老当益壮
忠心报国	福如东海	紫气东来	松柏常青
阳光普照	尊老敬贤	山河齐寿	功德无量
懿德高行	福满乾坤	冰清玉洁	红梅吐艳
福寿无疆	兰桂齐芳	大衍福寿	偕老齐眉
琴瑟百年	日月齐辉	椿萱并茂	伉俪寿禧
天上双星	乃福乃寿	全福全寿	庚婆俱明
春秋不老	天赐福寿	南极星辉	延年益寿
家和人乐	古稀慈寿	松竹永茂	松柏同春
和睦永年	人中真瑞	如竹如梅	寿翁德大
人寿年丰	松鹤延年	寿衍千秋	庆衍古稀
志壮年高	星辉南极	双寿无边	共祝期颐
人月同圆	双星朗照	日升月恒	夫妻偕寿

男寿题词

以介眉寿	名高元老	介眉奉爵	古柏长春
如日之升	寿考康强	寿比松龄	嵩岳长生
蓬壶日永	鹤算遐龄	椿树长荣	寿源万里
诗谱南山	岳降佳辰	高寿齐天	海屋添筹
福寿连绵	福乐长寿	榴花献瑞	椿庭日永
庚星耀彩	眉寿未艾	鸠杖熙春	嵩岳长生
惟仁者寿	国光人瑞	既寿而康	大德必寿

女寿题词

萱花芬芳	蟠桃献寿	中天婺焕	兰闺溢喜
后福无疆	庆溢兰征	环佩春风	金萱永茂
慈萱延龄	慈闱日永	萱颜不老	鹤算增年
萱草长春	梅占春光	春云霭瑞	松柏节操
荣耀萱花	婺焕灵霄	慈颜长春	古稀忘寿
萱庭日丽	晚年幸福	乐享余年	璇阁大喜
寿添萱禄	悦彩增华	福寿康宁	慈竹恒春
坤德宁寿			

(六)庆寿诗词

"诗言志,歌永(咏)言。"(《尚书·舜典》)诗词由于用语精练,形象生动,历来是人们用来表达自己意向和决心的文体。在祝寿活动中,人们往往采用赋诗填词的方式来表达自己的祝贺之情。

贺男寿诗

五福之中寿在先,更难得是子孙贤。兰阶善体慈亲意,菽水欢承大孝全。天眷金萱开九秩,客来珠履萃三千。如何能与山同寿,姓氏原曾列八仙。

南极星明映少微,笙歌缥缈奏庭闱。蝇头细字犹能读,鹤发高年早已祈。月下兰交拖绿玉,筵前桂子舞斑衣。称觞愿进长生酒,凫舄翩翩双鸟飞。

贺女寿诗

玉树盈阶秀,金萱映日荣。九旬光宝婺,百岁晋霞觥。

榴红在献瑞,灼映寿筵开。彩英儿孙舞,南山颂瑶阶。

宝婺星辉自雍容,教忠教孝益温恭。遐龄天赐称人瑞,懿德淑行仰母宗。

彤管从来纪母仪,况如钟郝最堪师。丁年挽鹿曾偕隐,子夜丸熊自课儿。霭霭绛云连海屋,翩翩青鸟度蓬池。笑看璇阁题春酒,薛凤荀龙到处随。

贺双寿诗

杖朝有典祝遐龄,海外仁风播德馨。自是高门多福寿,兰芬桂馥绕双星。

并世推崇言德功,桂林山水毓奇雄。期颐咸订辉联璧,杖国双星瑞气融。

丽景悬弧日,春回设帨天。佛称无量寿,人是有情仙。社晋香山酒,樽开昼锦筵。范畴传景福,合献九如篇。

南极星初现,西地宴复开。双星天上回,连理日边栽。花绕芙蓉帐,香飞鹦鹉杯。百年方燕尔,笙鹤下蓬莱。

好风吹放一天清,见说双星照眼明。德耀才名宜井臼,长沮心迹避公卿。丹砂度外原无量,兰蕙当阶倍有情。修到鹿门偕隐乐,深怀反惜酒同倾。

羡君佳偶复齐年,迟日春风敞寿筵。璇阁欣看双伉俪,珠楼并坐两神仙。红牙漫奏同笙曲,青鸟纷街五色笺。鸿案相庄称盛德,莫教梁孟美于前。

祝寿纪岁诗词

齿德俱尊甲子周，高风亮节足千秋。儿孙绕膝人长健，福寿绵绵笑五侯。

（六十岁　七绝）

南极祥光接翠微，箬冠藤杖古来稀。衔杯日就青山醉，结伴长从白社归。千里骅骝多蹀躞，数枝花萼自芳菲。鹿门喜睹庞公乐，海鹤风姿淘可依。

（七十岁　七律）

柳堤花巷且徜徉，八十如君鬓未霜。喜数鹤筹添海屋，快扶鸠杖出沧浪。才名自昔推三凤，文采于今灿土襄。此去期颐知不远，百年还醉六千觞。

（八十岁　七律）

翩翩风度甚雍容，弧矢新悬瑞气浓。清酒留宾常十日，谈经夺席已三重。问年独冠香山首，稽古休夸伏胜胸。最喜称觞集谢凤，亭亭绿水立芙蓉。

（九十岁　七律）

玉露盈盈丹桂荣，欣瞻风度冠耆英。彩云常向歌筵绕，春酒频将舞袖倾。四代衣冠真接武，百年琴瑟喜同声。更看凤羽联翩起，应有蒲轮谷口迎。

（百岁　七律）

漏新春消耗，柳眼微青，素梅犹小。帘幕轻寒，引炉烟袅袅。凤管雍容，雁筝清切，对绮筵呈妙。此际欢虞，门庭自有，辉光荣耀。

庆事难逢，世间须信，八十遐龄，古来稀少。况偶佳辰，是桑弧曾表。满奉金觥，暂停牙板，听雅歌精祷。惟愿增高，龟年鹤算，鸿恩紫诏。

（北宋韦骧《醉蓬莱·延评庆寿》）

渡江天马南来，几人真是经纶乎？长安父老，新亭风景，可怜依旧。夷甫诸人，神州沈陆，几曾回首！算平戎万里，功名本是，真儒事，君知否？

况有文章山斗，对桐阴，满庭清昼。当年堕地，而今试看，风云奔走。绿野风尘，平泉草木，东山歌酒。待他年，整顿乾坤事了，为先生寿。

（南宋辛弃疾《水龙吟·甲辰岁寿韩南涧尚书》）

六

养生益寿

(一)养生之宜

发宜常梳:清晨梳头110次,动作轻柔,可以明目祛风,使发根稳固。

面宜多擦:搓热两手,以中指沿鼻部两侧自下而上,带动其他手指,擦到额部向两侧分开,经两颊轻轻下,计30次。如此可以去邪气,使脸部生光,少起皱纹。

目宜常运:双目从左转到右,再从右转到左,左右各缓慢地转14次,然后紧闭片刻,忽然大睁。如此可以防近视、远视。

耳宜常弹:两手掌心掩耳,食指压在中指上,轻轻叩动后脑部,24次咚咚响。如此可以防耳鸣、头晕,并益补丹田。

齿宜数叩:先叩大牙24次,再叩前齿24次,可以齿坚不痛。

舌宜舔腭:舌尖舔唇齿间,左右转动各30次,轻轻转动至口水多,津宜数咽。古人称口水为金浆玉醴,是人身之宝。

津宜数咽:做舌尖舔腭,待满口唾液时,鼓漱36下,汩汩有声津咽下。可以灌溉五脏六腑,润泽肢节、毛发。

浊宜常呵:停闭呼吸鼓胸膜,待胸腹全满时,抬头张口,呵浊气,做5~7次。如此可以消积聚,去胸膈满塞。

腹宜常摩:搓热两手再相叠,着肉或隔单衣,掌心以脐为中心,顺时针方向摩,小圈、中圈和大圈,各圈转摩12次。如此可以顺气消积。

谷道宜常提:吸气时稍用力,撮提肛门连会阴,稍停放下做呼气,做5~7次为宜。如此可以升提阳气。

肢节宜常摇:两手握固连双肩,先左后右向前转,如转辘轳状,各24次。接着平稳坐好,提起左脚,脚尖向上缓缓伸,快要伸直蹬脚跟,5次做好换右脚。如此可以舒展四肢关节。

足心宜常擦:赤足或着薄袜,手掌心缓缓擦动足心50~100次,先左后右,稍热为宜。如此可固肾暖足,交通心肾,增进睡眠。

肤宜常干浴:一般从百会开始到面部,左肩右肩两臂膀,胸部腹部到两肋,两腰之后左右腿。如此可使气血流畅,肌肤光莹。

以上十三"宜"中,发宜常梳可在早晨为之,面宜多擦每在睡起时为之,足心宜常擦可在临睡前洗脚后为之,其余十"宜"每日做两次。做的次序是:齿宜数叩、舌宜舔腭、津宜数咽、耳宜常弹、目宜常动、腹宜常摩、浊宜常呵、肢节宜常摇、谷道宜常提、肤宜常干浴。操作的姿势采取坐式,情绪安宁,思想集中,动作轻缓,心中记数。坚持常年锻炼,持之以恒,必定会收到保健强身、延年益寿的效果。

寿字

（二）美容常识

少吃酸味及人工精制的食物。

每天定时大便。

保证足够的运动量，以促进血液循环，保持细胞活跃。

每天半小时日光浴（只晒胸、足部），春天在上午 10 时左右进行，夏天最好在上午 7 时进行。

每天早晚分别用热水和冷水各洗一遍脸，使用没有刺激的洁面用品，不必每天都用。

每天坚持用毛巾干擦全身 15 分钟。

经常按摩面部，使面部血液循环流畅。

使用护肤品，白天可使用油水平衡、含湿润剂多的乳霜，用按摩或面膜帮助皮肤吸收湿润剂。夜间要保证皮肤水分供应，以免皮肤干燥起皱纹。冬季要采用含有丰富滋润成分的面霜。

松鹤图

（三）气象指数

以气象科学为核心的气象服务指数，常在新闻媒体上公布，让人明明白白地生活。

晨练指数

一般而言，气温、气压、相对湿度、风速四个气象要素对人类机体感觉影响最大。晨练指数就是从气象角度来评价在不同天气、气候条件下人的舒适感，根据人类机体与大气环境之间的热交换而制定的生物气象指标。

晨练指数分级表

级别	气象条件	晨练适宜程度用语
1 级	各种气象条件都很好	非常适宜晨练
2 级	一种气象条件不太好	适宜晨练
3 级	二种气象条件不太好	较适宜晨练
4 级	三种气象条件不太好	不太适宜晨练
5 级	所有气象条件都不好	不适宜晨练

注：所有气象条件是指天空状况、风、温度、湿度以及污染状况。

郊游指数

研究发现，影响郊游的主要因素有两个方面：一方面是气温、降水、大风、能见度等气象因素，另一方面是景观季节性特色、景观植被特点等景点固有因素。

郊游指数分级表

级别	指数值	郊游适宜程度用语
1 级	0～20	天气不好，欢迎您改日再来
2 级	21～40	天气不太好，但不会让您失望的
3 级	41～60	天气还可以，可以出游
4 级	60～80	天气不错，大自然欢迎您
5 级	＞80	多好的天气，投入大自然的怀抱吧

着装指数

气象部门根据自然环境对人体感觉温度的影响，以及最主要的天空状况、气温、湿度及风速等气象条件进行分析研究,从中总结出的一种旨在提醒人们根据天气变化调整着装的气象指数。着装指数共分 8 级,指数越小,穿衣厚度越薄。

1~2 级为夏季着装,指短款衣类,衣服厚度最好在 4 毫米以下。

3~5 级为春秋过渡季节着装,从单衣、夹衣、风衣到毛衣类,服装厚度最好在 4~15 毫米。

6~8 级为冬季服装,主要指棉服、羽绒服类,服装厚度应在 15 毫米以上。

紫外线指数

阳光中有大量的紫外线,紫外线辐射与人类健康的关系已引起人们的广泛关注。发布紫外线指数,可帮助人们适当预防紫外线辐射。

紫外线指数分级表

紫外线指数	紫外线照射强度	对人体的可能影响
0~2	最弱	安全
3~4	弱	正常
5~6	中等	注意
7~9	强	较强
≥10	极强	有害

紫外线指数为最弱(0~2 级)时,对人体没有太大影响,外出时戴上太阳帽即可;紫外线指数达 3~4 级时,外出时除戴上太阳帽外还需备太阳镜,并在身上涂上防晒霜,以免皮肤受到紫外线辐射的危害;当紫外线强度达到 5~6 级时,外出时必须在阴凉处行走;紫外线指数达 7~9 级时,在上午 10 时至下午 4 时这段时间最好不要到沙滩场地上晒太阳;当紫外线指数大于等于 10 时,应尽量避免外出,因为这时的紫外线极具伤害性。

垂钓指数

钓鱼是一项十分有趣的休闲健身活动。气象条件对垂钓的影响已越来越引起广大垂钓爱好者的重视。影响垂钓的气象因素主要有季节、天气现象、风向、风速、最高温度、气压等。

春季和秋季是垂钓的黄金季节,其次是夏季,而冬季则为淡季。

一般来说,晴天、小雨、中雨、雾后转晴、雷阵雨后转晴对垂钓有利;在受强冷空气影响的前一天或刚刚受影响时,对垂钓亦有利。

当天气晴好时,东风、东北风、东南风对垂钓有利。雾后转晴天气时,在夏季和冬季,只有西北风对垂钓有利;春季和秋季,除西北风外,东南风对垂钓亦有利。小雨或中雨天气时,无论什么风向对垂钓都有利。

5级以上的风速对垂钓不利,1~4级风一般对垂钓最有利。

天气晴好时,气压大于或等于1010百帕,阴天或下雨时,气压大于或等于1000百帕,都对垂钓有利。

对垂钓有利的温度,因季节转换而有所不同:春季最高气温要求在10~30 ℃,且日温差为4~6 ℃;夏季最高气温要求在17~30 ℃,且日温差为6~8 ℃;秋季最高气温要求在10~30 ℃,且日温差为4~6 ℃;冬季最高气温要求在5~25 ℃,且日温差为2~3 ℃。

垂钓气象指数分级表

级　　别	指数值	影响程度
1	0~1	气象条件恶劣,钓翁落空
2	2	气象条件较差,收竿快走
3	3	气象条件尚可,可以出竿
4	4	气象条件较好,利于垂钓
5	5	气象条件极佳,必有收获

空气舒适度预报

人们生活在空气之中。空气舒适度表示人体对空气环境可能产生的各种生理感受,它分为极冷、寒冷、偏冷、舒适、偏热、闷热、极热7个等级。当预报舒适度为极冷或极热时,就是提醒人们必须在具有保暖或防暑措施的环境中工作或生活,否则,极易冻伤或中暑。当预报舒适度为寒冷或闷热时,则是提醒人们要适当采取保暖或降温措施,避免寒冷或炎热影响身体健康和工作效率。当预报空气舒适度为偏冷或偏热时,则是提醒年老体弱的朋友适当增减衣服,防止受寒或受热。当预报舒适度为舒适时,则说明室外空气冷暖适度,能使人身心爽快。

（四）生活中的"最佳温度"

泡茶：用 70～80 ℃的水泡出的茶水色香味俱佳，且不破坏其维生素成分。热茶在 65 ℃时，既好喝又解渴。

食品：经过研究比较，科学家们将食品分为喜凉型和喜热型。喜凉型食品在 10 ℃左右口味最好，冷食温度在 0～6 ℃时口味最佳。如凉开水在 12～15 ℃时喝之最爽口；啤酒在夏天饮用以 6～8 ℃最为清爽宜人，冬天则在 10～12 ℃时最醇美；汽水在 4～5 ℃时最好喝；冷咖啡在 6 ℃时最适宜；果汁在 8～10 ℃最具天然风味；冰激凌在 6 ℃时最能生津解渴；西瓜在 8 ℃左右口味最纯。

喜热型食品在 60～65 ℃口味最好。如热牛奶以 63 ℃最甜润可口；冲饮蜂蜜在 60 ℃时最爽口，且营养成分不受影响；热咖啡在 70 ℃时品味最佳；肉类食品在 70～75 ℃时最为香美鲜嫩；甜食在 37 ℃时感觉最甜，咸食、苦食温度越高则味道越淡。

居室：冬季一般在 16～20 ℃、夏季一般在 25～27 ℃最佳。

洗脸：夏天洗脸的水温以 30～50 ℃为宜，冬天以 8～20 ℃为宜，一般情况下以 36 ℃为宜。

洗脚：睡前洗脚水的最理想温度是 40～50 ℃，水要浸没双足踝部。因为，这个水温能促使足部的血管扩张，促进血液循环，使大脑得以休息，有利于入睡。

洗澡：洗澡水的最佳温度应在 30～39 ℃，因为这个温度与人体的正常体温近似，感觉特别舒服。

（五）养生诗词集句①

（一）

春来无日不狂游（明·担当禅师），炼得身行似鹤行（唐·李翔）；
今日听君歌一曲（唐·刘禹锡）， 只觉身轻欲上升（清·袁枚）。

（二）

春寻泉石暂清神（宋·程颢），草木无情亦自闲（宋·饶节）；
一身看尽佳风月（宋·陆游），随时随处总安禅（元·李道纯）。

（三）

富贵不淫贫贱乐（宋·程颢），能甘淡泊是我师（佚名）；
万法皆空忘物我（清·园瑛），幽兰花里熏三日（清·袁枚）。

（四）

万卷仙经语总同（宋·张紫阳），无我才能念得通（佚名）；
果然炼到己无处（明·刘一明），自缘身在最高层（宋·王安石）。

（五）

瑶池阆苑都休羡（清·张维桢），甘为民仆耻为官（董必武）；
淡泊宁静明素志（明·龚廷贤），诗中人尽是高贤（叶圣陶）。

（六）

利门名路两无凭（唐·杜荀鹤），直到如今更不疑（唐·志勤）；
相逢尽道休官好（唐·吴澈）， 清风明月与心齐（唐·智亮）。

（七）

莫笑轩然夸老健（宋·陆游）， 人老原来有药医（明·张三丰）；

---

① 此部分内容由徐介南提供。

穷欲自然神气爽（明·龚廷贤），盲修瞎炼身何益（清·纳散人）。

（八）

身心无垢乐如何（李叔同）， 花前月下得高歌（明·唐寅）；
闹非城市静非山（唐·马湘），涵养心中有太和（明·龚廷贤）。

八仙庆寿

（六）十二段锦图说

十二段锦总诀

闭目冥心坐，握固静思神，

叩齿三十六，两手抱昆仑；

左右鸣天鼓，二十四度闻，

微摆撼天柱，赤龙搅水津；

鼓漱三十六，神水满口匀，

一口分三咽，龙行虎自奔；

闭气搓手热，背摩后精门，

尽此一口气，想火烧脐轮；

左右辘轳转，两脚放舒伸，

叉手双虚托，低头攀足频；

以候神水至，再漱再吞津，

如此三度毕，神水九次吞；

咽下汩汩响，百脉自调匀，

河车搬运毕，想发火烧身；

旧名八段锦，子后午前行，

勤行无间断，万疾化为尘。

以上口诀系通身总行之，要依秩序，步骤不可缺，不可乱。先要记熟此歌，再详看后图及各图详注口诀。

十二段锦图说详解

第一图势：闭目冥心坐，握固静思神。

盘腿而坐,紧闭双目,冥亡心中杂念。凡坐要竖起脊梁,腰不可软塌,身不可倚靠。握固者,握手牢固,可以闭关祛邪也;静思者,静息思虑而存神也。

第二图势:叩齿三十六,两手抱昆仑。

上下牙齿,相叩作响,宜三十六声,叩齿以集身内之神使之不散也。昆仑即头,以两手十指相叉,抱住后颈,即用两手掌紧掩耳门,暗记鼻息九次,微微呼吸,不宜有声。

第三图势:左右鸣天鼓,二十四度闻。

记算鼻息出入各九次毕,即放开叉手。移两手掌擦耳。以第二指叠在中指上,作力放下第二指,重弹脑后,要如击鼓之声。左右各二十四度,两手同弹,共四十八声,仍放手握固。

第四图势:微摆撼天柱。

天柱即后颈,低头扭颈向左右侧视,肩亦随之左右摇摆,各二十四次。

第五图势:赤龙搅水津;鼓漱三十六,神水满口匀,一口分三咽,龙行虎自奔。

赤龙即舌,以舌顶上腭,又搅满口内上下两旁,使水津自生,鼓漱于口中三十六次。神水即津液,分作三次,要汨汨有声吞下。心暗想,目暗看,所吞津液,直送至脐下丹田。龙即津,虎即气,津下去,气自随之。

第六图势:闭气搓手热,背摩后精门。

以鼻吸气闭之,用两掌相搓擦极热,急分两手摩后腰上两边,一面徐徐放气从鼻出。精门即后腰两边软处,以两手摩二十六遍,仍收手握固。

第七图势:尽此一口气,想火烧脐轮。

闭口鼻之气,以心暗想,运心头之火,下烧丹田,觉似有热,仍放气从鼻出。脐轮即脐丹田。

第八图势:左右辘轳转。

曲弯两手。先以左手连肩,圆转三十六次,如绞车一般。右手亦如之。此车转辘轳法。

第九图势:两脚放舒伸,叉手双虚托。

放所盘两脚,平伸向前,两手手指相叉,后掌向上,先安所叉之手于头顶,做力上托,要如重石在手,托上腰身,俱着力上耸。手托上一次,又放下,安手头顶,又托上,如此反复,共九次。

第十图势:低头攀足频。

以两手向平伸两脚底作力扳之,头低如礼拜状。十二次后,仍收足盘坐,收手握固。

第十一图势:以候神水至,再漱再吞津;如此三度毕,神水九次吞;咽下汨汨响,百脉自调匀。

再用舌搅口内,以候神水满口,再鼓漱三十六次。连前一度,此再两度,共三度毕,前一度做三次吞,此两度做六次吞,共九次,吞如前。咽下要汨汨响声,咽津三度,百脉自周遍调匀。

第十二图势:河车搬运毕,想发火烧身;旧名八段锦,子后午前行,勤行无间断,万疾化为尘。

心想脐下丹田中,似有热气如火,闭气如忍大便状,将热气运至谷道,即大便处,升上腰间、背脊后颈、脑后头顶止。又闭气,从额上两太阳、耳根前、两面颊,降至喉下,心窝肚脐下丹田止。心想似是发火烧,通身皆热。

（七）百忍歌

作者，张公，相传是唐代著名长者，其修性养寿重在一个"忍"字，故能九世同堂，家庭和睦。后其族人编《张公百忍全书》。这道《百忍歌》就是其中一篇，在民间流传很广。

百忍歌，歌百忍。

忍是大人之气量，忍是君子之根本。

能忍夏不热，能忍冬不冷；能忍贫亦乐，能忍寿亦永。

贵不忍则倾，富不忍则损。

不忍小事变大事，不忍善事终成恨。

父子不忍失慈孝，兄弟不忍失爱敬；朋友不忍失义气，夫妇不忍多争竞。

刘伶败了名，只为酒不忍；陈灵灭了国，只为色不忍；石崇破了家，只为财不忍；项羽送了命，只为气不忍。

如今犯罪人，都是不知忍；古来创业人，谁个不是忍。

百忍歌，歌百忍。

仁者忍人所难忍，智者忍人所不忍。

思前想后忍之方，装聋作哑忍之准。

忍字可以走天下，忍字可以结邻近。

忍得淡泊可养神，忍得饥寒可立品；忍得勤苦有余积，忍得荒淫无疾病；忍得骨肉存人伦，忍得口腹全物命；忍得语言免是非，忍得争斗消仇憾。

忍得人骂不回口，他的恶口自安靖；忍得打人不回手，他的毒手自没劲。

须知思让真君子，莫说忍让是愚蠢；忍时人只笑痴呆，忍过人自知修省。就是人笑也要忍，莫听人言便不忍；世间愚人笑的忍，上天神明重的忍。

我若不是固要忍，人家不是更要忍；事来之时最要忍，事过之后又要忍。

人生不怕百个忍，人生只怕一不忍，不忍百福皆雪消，一忍万祸皆灰烬。

唯吾知足

（图系一古钱，外圆内方，钱上有四方字。上为"五"、下为"止"、左为"矢"、右为"隹"，分别与中间一个口形的孔相组合，即"唯吾知足"。借喻中国一句俗语："知足常乐也。"）

北京故宫宫墙气眼纹样

（此图案由东海波涛、祥云吉鸟等组成，寓"海日开寿域，天鸟飞蓬莱"之意。）

（八）宽心谣

日出东海落西山，愁也一天，喜也一天；
遇事不钻牛角尖，身也舒坦，心也舒坦；
领取几许养老钱，多也不嫌，少也不嫌；
少荤多素日三餐，粗也香甜，细也香甜；
衣衫鞋帽勤洗换，新也可穿，旧也可穿；
常与知己聊聊天，古也谈谈，今也谈谈；
内孙外孙同样看，儿也喜欢，女也喜欢；
全家老少互慰勉，贫也相安，富也相安；
早晚操劳勤锻炼，忙也乐观，闲也乐观；
心宽体健养天年，不是神仙，胜似神仙。

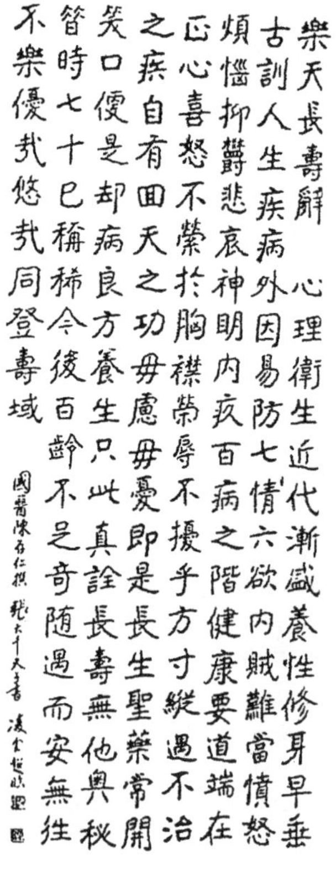

乐天长寿辞

七

寿联荟萃

(一)通用寿联

人歌上寿	福如东海	德勤益寿	鹏程万里
天与遐龄	寿比南山	心阔延年	鹤寿千秋
立功立德	幸逢盛世	松姿柏节	养怡之福
寿国寿人	乐享遐龄	鹤发童颜	可得永年
地生劲松	名高北斗	仁爱笃厚	仙鹤升平
天赐华龄	寿比南山	积善有征	兰竹长青
青春不老	如松如鹤	人臻高寿	仁慈殷实
岁月常新	多福多寿	世见清风	获寿保年
凭才纳福	呈辉南极	天地同寿	
心德延年	霞焕春庭	日月齐光	
佳辰逢岳降	瑶池春不老	酒介南山寿	松龄长岁月
瑞气霭春晖	寿域日方长	觞开北海樽	鹤语记春秋
寿同山岳永	平安添百福	人老心不老	寿名高北斗
福共海天长	长寿价千金	年高志愈高	福气比南山
松柏老而健	梅老花愈密	春风挥翰墨	清言多妙理
芝兰清且香	竹高笋更青	瑞气接蓬莱	令德有遐芳
雅室人不老	树老有余韵	松高显劲节	晚享清平福
高山松柏长	年高多雅情	梅老正精神	岁看不老松
冰清还玉洁	福自仁德至	心宽可益寿	九五福日寿
松寿更萱荣	寿则乐善来	德厚自延年	八千岁为春

七、寿联荟萃

113

乃文乃武乃寿　　　极天地而永寿　　　汉柏秦松骨气
如梅如竹如松　　　与日月兮齐光　　　商彝夏鼎精神

椿国常青常茂　　　盘承百年雨露　　　生命在于运动
萱堂永春永丰　　　壶酌千岁风云　　　长寿因之勤劳

南山之寿

（"如南山之寿"出自《诗经·小雅》，即俗
谓："寿比南山不老松，福如东海长流水。"）

百花齐献南山寿　　　天上星辰应作伴　　　但得夕阳无限好
四化同歌盛世春　　　人间岁月不知年　　　何须惆怅近黄昏

晚景弥坚松柏节　　　柏节松心宜晚翠　　　蟠桃捧月千秋寿
好风常度桂兰香　　　童颜鹤发胜当年　　　玉树参天万年青

福如东海长流水　　　福星高照满庭庆　　　雄文莫道随老去
寿比南山不老松　　　寿诞生辉合家欢　　　佳作偏映夕阳红

品如玉藕情操美　　　身似西方无量佛　　　春日融和欣祝寿
德似骄杨风格高　　　寿如南极老人星　　　吉星光辉喜迎春

历尽艰辛人未老　　　千岁蟠桃开寿域　　　三春日暖人心暖
恰逢盛世岁长新　　　九重春色映霞觞　　　万事心宽寿域宽

体健心宽晚景好　　福海朗照千秋月　　福禄寿三星高照
书声墨韵老来红　　寿域光涵万里天　　天地人六合同春

青山不老人长寿　　山清水秀春常在　　琼林歌舞群仙会
华夏常春花永红　　人寿年丰福无边　　海屋衣冠百寿图

天护慈萱母不老　　白发朱颜登上寿　　春羡老者瑶池瑞
云垂玉树岁长青　　丰衣足食享高龄　　笔书先生益寿经

玉龙摇尾庆寿诞　　北斗星垂祝辰象　　子孝媳贤长寿本
金凤展翅祝生辰　　南天弦拨贺寿声　　衣丰食足健身源

九十九上不服老　　海屋仙筹荣丽景　　寿星永照文明户
八十八下犹顽童　　华堂春酒宴嘉宾　　喜气常留幸福家

种来玉树云霄近　　大好时光人爽快　　鹤发银丝映红日
著就丹经岁月长　　小康生活寿欣荣　　丹心碧血育新花

大德仁翁多福多寿　　福禄光明使君寿考
南山松柏愈老愈坚　　吉善长久宜我子孙

德行齐辉一门合庆　　亲友登堂祝翁长寿
福寿大衍百岁同符　　儿孙绕膝满室腾欢

天边将满一轮月　　行可楷模人人称德
世上还钟百岁人①　　老如松柏岁岁长青

时明世泰长天丽日　　鹤龟胜算人中真瑞
人寿年丰遍地春风　　福寿双全天上神仙

_____

① 此联为北宋著名文士吴叔经作，据考证，这是我国最早的寿联。

得古人风有为有守　　五百里内人尊老大
惟仁者寿如冈如陵　　九十岁了心犹少年

红烛高照福庆长乐　　古鹤凌空鹏程万里
爆竹连声寿祝平安　　苍松拔地岁月三千

世盛春长且随新燕舞　　郭令公大富贵亦寿考
年高德劲莫问夕阳斜　　欧阳子蓄道德能文章

人逢盛世人添寿，寿高五岳　　国靖昌平，寿比南山松永秀
地献丰年地纳祥，祥漫三江　　人逢盛世，福如东海水长青

蓬莱仙界，幻若蜃楼在此地　　返璞归真，何忧夕照催人老
南极寿星，恰如画者是斯人　　荡污涤秽，且喜心潮逐浪高

鹤发童颜，不逊青春无老态　　屋后高山顶青天，天高重久寿高重久
龙头人瑞，犹如劲柏更弥坚　　亭前溪水系大海，海大无边福大无边

从康乐世，溯降生辰，天遣老成旋气运
作逍遥游，祝无量寿，人同国祚共绵长

天津传统剪纸纹样
（此图案由笑容可掬的老寿星与天真
可爱的仙童组成，配以仙桃、鹤、五福捧寿
纹样组成，象征福寿双全。）

（二）男寿联

颐和养寿
淡泊延年

名高北斗
寿以人尊

福禄欢喜
长生无极

图开百福
寿祝三多

灵芝望三秀
玉树起千寻

大椿常不老
丛桂最宜秋

愿言安且吉
还祝寿而康

筹添沧海日
嵩祝老人星

寿考征宏福
文明享大年

盛世常青树
百岁不老松

玄鹤千年寿
苍松万古春

青松多寿色
丹桂有丛香

岁岁寿筵依北斗
年年此日颂南山

户前绿树迎佳气
窗外青山描寿眉

大年不恃长生药
多寿还须厚福人

古柏根深枝更茂
青松岁久叶尤妍

开襟纳江湖风月
携杖莳门户芝兰

文移北斗成天象
日捧南山入寿杯

松风高驻千年鹤
玉露长滋五色兰

数枝天上延龄草
一派人间种寿泉

旭日禀东方朝气
大星应南极寿昌

前寿五旬又迎花甲
待过十载再祝古稀

北海开樽西园晋酒
南山献寿东阁筵宾

天与长春神芝五色
人传硕德宝树三株

红灯高照福庆长乐
爆竹连声寿祝久安

得古人风有为有守
惟仁者寿如冈如陵

立德立言于兹不朽
寿人寿世共此无疆

（三）女寿联

秀添慈竹　　　　　慈母温柔
荣耀萱花　　　　　宜家受福

岁寒松晚翠　　　萱花欣永茂　　　慈竹青云护
春暖蕙先芳　　　梅蕊庆先春　　　灵芝绛雪兹

唯盛世才多长寿　　天赐昌期垂母范　　天护慈萱人不老
是贤母始能兴家　　人登寿域颂坤仪　　云弥古树岁长春

六十春秋仍未老　　南极星临山岳动
满门兰桂正争荣　　北堂萱映海天晴

子读诗书思荻画　　辉腾宝婺三千丈
人观礼法拜萱堂　　青发奇花十万枝

六旬慈母人犹健　　家下昌明母其造福
寸草春晖句未忘　　寿林欢喜子也能贤

乃冰其清乃玉其洁　　爱国赤诚当享上寿
如山之寿如松之质　　持家勤俭欢度晚年

陕北民间剪纸纹样

（此图案由雌雄鹌鹑和丰硕的禾谷组成，简练、纯朴，是取"鹌"与"安""禾"与"合"的同音，象征夫妻一生和和美美，相爱百年。）

(四)男女双寿联

天地同寿　人间二老　乾坤并寿　双星天象
庚婺双辉　天上双星　日月双辉　全福人家

松柏老而健　　勤俭持家有内助　　自昔唱随勤不倦
芝兰清且香　　康强到老得余闲　　而今老健福能齐

百岁有期无量福　　德行齐夸合家共庆
二人同享太平年　　福星并耀百岁同符

日月双辉唯仁者寿　　　柏翠苍松咸歌五福
阴阳合德真古来稀　　　椿荣萱茂同祝百龄

和合二仙

七、寿联荟萃

119

（五）分龄男寿联

五十岁男寿联

五岳同尊嵩极峻　半百光阴身更健

百年大寿日方中　几番风雨老弥坚

半百光阴人未老　五秩康强志如铁　华堂长驻三分景

一生风雨志难酬　十分健旺气若虹　盛宴平分百岁筹

四万里皇图，伊古以来，从无一朝一统四万里

五十秩圣寿，自今而后，尚有九千九百五十年①

六十岁男寿联

人种神仙草　　　重循甲子春初度　今朝花甲豪情涌

春开甲子花　　　乐奏笙歌寿又登　来日期颐壮志存

六旬正入耆英会　八月秋高仰玉桂　追古思今延六秩

九十方称矍铄翁　六旬人健比乔松　登高望远庆千秋

花甲齐年骈臻上寿　甲子重新如山如阜

书房联句共赋长春　春秋不老大德大年

七十岁男寿联

千户称长者　　　　人老天难老

七十曰古稀　　　　古稀今不稀

从古称稀尊上寿　三千岁月春常在　三千朱履随南极

自今伊始乐遐龄　七十丰碑古所稀　七十霞觞进北堂

戚友庭前尊上寿　七秩高堂歌盛世　容貌忠贞寿者相

子孙阶下庆稀龄　四时锦苑馥华门　胸怀广阔古稀年

---

① 此联为清代纪晓岚为乾隆五十寿辰献祝寿联。

八十岁男寿联

杖朝步履春秋永　　八旬尚健尝鲜果　　百鸟迎春歌盛世
钓渭丝纶日月长　　四序更新乐寿星　　千秋献寿祝遐龄

八方锦绣寿逢泰　　八秩寿筵迎胜纪　　白发朱颜八旬大寿
十亿祥和富肇荣　　千秋佳节祝陈醅　　贤孙孝子四世同堂

宝树灵椿三千甲子　　天赐期颐长生无极
龙眉华顶八十春光　　人间丰岁积庆有余

八十岁葆素全真，自是申公迎驷马
五千言修身冶性，须看老子跨青牛

九十岁男寿联

三千美景添筹算　　九旬华诞千人贺　　九十春光添筹算
九十风光乐有余　　元月新春万物欣　　三千美景乐遐年

南极桑弧悬九一　　九老寿留千载笔　　和合二仙歌大寿
东方桃实献三千　　十年再进百龄觞　　善良四代祝期颐

歌人生三乐　　颂献九如门楣喜溢　　三千岁月春秋不老
颂天保九如　　图陈五福寿字宏开　　九十韶光虞寿同登

三月韶华千秋节令　　天保九如南山献寿
十年转瞬百岁期颐　　华封三祝东海添筹

百岁男寿联

百岁上寿　　蓬莱盘进长生果　　瑶池桃熟三千岁
一言千金　　玳瑁筵开百岁觞　　海屋筹添一百春

莫道人生无百岁　　四季苍松荣大地　　家中早酿千年酒
须知草木有重春　　百龄白鹤舞长空　　盛世长歌百岁人

七、寿联荟萃

盛世频开千叟宴　　乐奏寿弦歌百岁　　古稀已成寻常事
芳辰遥拜五云天　　德辉彤史祝千秋　　上寿尤多百岁人

百岁人歌长寿酒　　桃熟三千老人星耀　　礼祝期颐庄椿无算
万载花放太平春　　春光百载华宴歌喧　　诗歌福履虞寿同登

逾百岁男寿联

寿越期颐天年永远　　花开重甲，一番甲子又逢甲子
光增史乘人瑞流传　　古稀双庆，初寿稀年再度稀年

（六）分龄女寿联

五十岁女寿联

燕桂射兰年转半甲　　婺宿腾辉百龄半度　　萱树参天五十围
桑弧蓬矢志在四方　　吉星焕彩五福骈臻　　蟠桃捧日三千岁

记八千为一春，萱草千年绿
再五十便百岁，桃花万树红

设帨遇芳辰，百岁期颐刚一半
称觞有莱子，九畴福寿已双全

六十岁女寿联

六秩华诞新岁月　　花乃金萱开六甲　　纪寿欣逢新甲子
三迁慈训①大文章　　星真宝婺焕中天　　培香喜缀早丹花

彤管飞音歌玉树　　八月秋高仰仙桂　　桃熟正逢花甲茂
绿云分彩护金萱　　六旬人健比乔松　　兰开几阅寿添筹

玉树阶前莱衣竞舞
金萱堂上花甲初周

七十岁女寿联

年过七旬称健妇　　金桂生辉老益健　　月满桂花延七秩
筹添三十享期颐　　萱草长青庆古稀　　庭留萱草茂于秋

七度菊香秋后献　　寿衍七旬辉宝婺　　日煦萱花云征异彩
五云花洁日边来　　堂开三代乐薰风　　天留婺宿人庆百年

---

① 三迁慈训：指孟子的母亲三迁住处以教子的典故。

四仙拱寿

八十岁女寿联

八旬且献瑶池瑞　沧海月莹寿母相　四代斑衣荣耋寿
四代同瞻宝婺辉　瑶台仙近女人星　八旬宝婺庆遐龄

八秩寿筵开，萱草眉舒绿　八月称觞，桂实投肴延八秩
千秋佳节届，蟠桃面映红　千声奏乐，萱花迎笑祝千秋

九十岁女寿龄

一乡称寿母　堂北萱花荣九秩　蟠桃果熟三千岁
九十颂奇萱　天南宝婺耀千秋　慈竹筹添九十春

九旬鹤发同金母　九十春光延晷景　庆花甲一周添半
七秩斑衣学老莱　三千仙果晋慈龄　祝萱堂百岁有奇

慈寿延龄，日增康乐　四代同堂，共饮九旬高寿酒
旬年屈指，岁晋期颐　百龄有望，再超十个小阳春

爱日伫期颐，兰阶早酿十年酒
慈云周海岳，莱彩犹栽一树花

百岁女寿联

百春萱草连天碧　　百历延龄留暑景
三月兰花带露馨　　九天华彩护慈云

蓬莱盘进长生果　　三千年见桃又落实
婺宿筵开百岁觞　　一百岁为寿之大齐

妇德交称百年殊寿　　天上三秋婺星几转
孙荣竞秀五世其昌　　人间百岁萱草长荣

萱开甲子花荣双度秀　　六十年度似芙蓉出水
婺耀古稀星焕二回光　　二次甲辰如桃面方开

风危仰坤仪，欢呼共祝千秋节
期颐称国瑞，建筑应兴百岁坊

（七）月序男女双寿联

正月

　　　　蟠桃天上骈枝实
　　　　凤管人间合韵调

二月

　　节到中和春正好　　　红杏争春群芳献瑞
　　缘成伉俪寿无疆　　　白华养志二老承欢

三月

　　桃李争春喜共寿　　　椿萱并茂多康多寿
　　椿萱并茂看齐眉　　　桃李联盟宜室宜家

四月

　　　　芍药栏边花开富贵
　　　　椿萱堂上寿介期颐

五月

　　　　地洽良辰河山并寿
　　　　天逢端午日月同辉

六月

　　　　鸿案眉齐瑶池桃熟
　　　　鹿车手挽荷芰风香

七月

　　　　椿萱并茂交柯树
　　　　瓜果重开合卺杯

八月

　　朗抱蟾宫同照影　　　鸿案齐眉琴瑟静好
　　良缘鸿案永齐眉　　　蟾宫耀彩人月同圆

　　月圆人共圆，看双影今宵清光普照
　　客满樽俱满，羡齐眉此日秋色平分

九月

  伉俪雍和庭放菊 年至高龄椿萱并茂

  风光良好面如春 时逢盛世兰菊齐芳

十月

  稻菽献实乾坤寿 伉俪相和人添大寿

  庚婺同明日月辉 风光正好节届小春

十一月

  柏节松贞持晚景 花放水仙夫妻偕老

  兰芳桂实灿朝霞 图呈王母庚婺双辉

腊月

  椿萱与桂兰并茂 天竹腊梅相辉成趣

  松柏偕天地同春 寿山福海共祝无疆

闰月

  桐叶征祥桃花纪算

  鸾俦经翼凤侣添翎

（八）长辈称谓寿联

祖父寿联

泰岱松千尺　　　　祖德恩长荫后德
鹤山桂九苞　　　　孙贤学进耀前贤

德祖寿高苍松不老　　寿宇鸿开图陈百福
贤孙志远事业长春　　名楣喜溢颂献九如

天赐期颐长生无极　　志大年高一腔热血
人间百岁积庆有余　　童颜鹤发满面春风

羡高年精神康健，花甲重添二十载
居上寿齿德俱尊，松年永享八千秋

祖母寿联

祖母今朝称寿母　　桃熟瑶池三千岁月
慈龄盛世享遐龄　　筹添海屋一百春秋

恩周五代，代代钦崇，崇化金丹臻百岁
寿满九旬，旬旬劳碌，碌强玉体乐三春

外祖父寿联

年迈七旬称体健　　海屋添筹春永驻
寿添三秋享期颐　　外孙祝寿福长存

念己身出自外家，应许燕谋歌祖德
惟仁者必得大寿，喜随骥尾附孙行

外祖母寿联

喜气盈门临大寿　　华诞扬歌声满院　　彩帨高悬福全箕范
琼花满屋溢奇香　　外孙祝寿酒盈樽　　重闱大喜忝附苏阶

父亲寿联

家父添筹延暑景　　家严鹤发无量寿　　瑶草奇葩不谢
南山献寿祝长龄　　吾父童颜不老星　　青松翠柏长青

祝颂遐龄椿作纪　　天时喜晋八旬寿　　身强体健迎新纪
筵开寿樽海为壶　　海屋当添百岁筹　　子孝孙贤庆鹤龄

桃熟三千祝父寿　　寿龄七秩身强体健
椿荣四世庆心龄　　劳碌一生苦尽甘来

母亲寿联

时清萱耸茂　　春晖无量寿　　芳春萱草连天碧
世治婺增辉　　寸草洪满天　　盛世兰花带雨馨

喜瞻萱草千年碧　　丹桂飘香增福寿　　玉树参天春不老
欣慰桃花万树红　　壬林献瑞益康宁　　金萱映日寿长青

节届重阳福临寿母　　萱花绕祥云玉女捧桃呈寿母
喜逢秋日酒敬慈亲　　花甲逢盛世婺星焕彩伴春风

父母双寿联

堂上椿萱欣并茂　　喜添凤侣双飞翼　　椿萱并茂龟龄久
庭前日月喜双辉　　欢祝鸾俦二老春　　兰桂腾芳鹤运昌

椿萱并茂与山河齐寿　　双亲半世爱心抚赤子
功德长存共日月同辉　　二老一生为国献丹心

松鹤寻常寿　　萱花永艳开樽北海长生酒
高堂活神仙　　椿树长青献寿南山不老松

岳父寿联

鹤寿松龄夕阳无限好　　仰丈人峰名高北斗
青松翠柏秋菊有余香　　修半子礼颂献南山

唯望丈人，福如东海源流远
欣瞻泰岳，寿比南山松柏青

岳母寿联

桃献池西侯逢浴佛　　喜撰诗联荣胜纪　　堂北萱荣甥舞彩
萱荣堂北荫庇馆甥　　欣悬书画壮椿庭　　池西桃实母称觞

庆衍三多,桃献共期慈母寿　　泰水长流,青松翠柏齐献瑞
思深半子,萱荣分荫馆甥来　　慈颜永驻,贵宝珍馐皆赠人

舅父寿联

咏渭阳诗献冈陵颂
承宅相誉陈洪范篇

舅母寿联

葭琯应时,梅花多姿吐艳
鹿车表德,母寿不老长生

(九)自寿联

五十岁自寿联

秋迟老树花犹茂

月过中天影正圆

六十岁自寿联

春秋六秩心难老　　六秩虽周,老夫尚有三分力

桃李三千花正红　　一元复始,开岁犹耕半亩田

莫将花甲称彭祖　　而立添而立,敢问可曾立否

且藉墨香近鲁童　　了然未了然,当求从此然哉

　　常如作客,何问康宁。但使囊有余钱,瓮有余酿,釜有余粮,取数页赏心旧纸,放浪吟哦。兴要阔,皮要顽,五官灵动胜千官,过到六旬犹少。

　　定欲成仙,空生烦恼。只令耳无俗声,眼无俗物,胸无俗事,将几枝随意新花,纵横穿插。睡得迟,起得早,一日清闲似两日,算来百岁已多。(郑板桥六十岁自寿联)

七十岁自寿联

盛世万家同有庆　　古稀今不稀,鹤发童颜寿者相

明时七秩不为稀　　群乐我同乐,莱衣菽水农家风

八十岁自寿联

寿高八秩,欣逢政善人勤昌盛世

诗颂九如,喜庆孙贤子孝锦绣春

百龄长寿

(图案以百灵鸟、灵芝草、柏树纹样组成,象征"人生不满公自满,世人难逢我
正逢"的寿享百年之意。)

九十岁自寿联

四化同春新岁月

九旬益健老青年

百岁自寿联

人生不满公今满　　百年长寿祝吾岂敢

世上难逢我竟逢　　终岁辛劳唯我不辞

(十)分界别寿联

农村寿联

堂前燕舞迎春舞　　　自是清贫无俗骨
院内莺歌祝寿歌　　　纵无富贵亦长生

长寿全凭新社会　　祥云普绕勤劳地　　香稻清肠仙桃适口
高龄亦赖大尧天　　紫气东来富裕村　　奇花益寿佳果长生

盛世人难老老当益壮　　　穷且弥坚,不坠青云之志
新春日渐长长治久安　　　老当益壮,应惜皓首余光

鹤发童颜,安享人间富贵　　　丹桂飘香,万缕清芬盈小院
丰衣足食,欢度幸福晚年　　　金萱称庆,千丝瑞气绕华堂

羡煞田舍翁,岁月优游,得长生秘诀
胜彼富家子,晨昏定省,博老父欢颜

政界寿联

壮猷为国重　　寿龄如日永　　河阳当丽藻
元气得春光　　勋业比山高　　蓬岛表仙仪

立功立言立德　　多行善事人长寿　　潞国晚年犹矍铄
寿国寿世寿民　　广纳忠言国永春　　吕端大事不糊涂

未敢暮年娱晚景　　海宇澄清春不老　　老牛力尽青山在
好将余热化春晖　　蓬壶日月德如年　　志士年高赤胆悬

壮志凤飞,逸情云上　　　慈竹垂堂婺星常耀
赤心麟趾,矢志天边　　　甘棠载路玉树交辉

白首情真,永效移山填海力　　　一片冰心,柏节松贞持晚景
青云志壮,长怀逐日补天心　　　两只铁手,兰芳桂秀灿朝霞

军界寿联

精神富日月　成名高北斗　将军称大树　建貔貅勋业
勋业炳乾坤　勋业寿南山　元老祝长春　富龙马精神

帐下东风开寿城　　威镇遐边勋业重　　老人星象辉南极
樽前皓月照边城　　身膺福禄寿龄高　　大将威风掌北门

寿星光射龙泉剑　　戎马生涯留青史　　星动军麾弧悬日月
瑞雾香生豸锦袍　　田园风物伴晚年　　筹添武库樽泛流霞

瑞降生申天高嵩岳　　星耀南极,光满大千世界
厘延令旦日永蓬壶　　樽开北海,欢腾八百健儿

寿算长绵,甲子从人间数起　　酒洌花香,幸有丰功酬壮志
武功丕振,将军自天上飞来　　时和人瑞,喜从盛世祝遐龄

教育界寿联

文名高北斗　　书多更富贵　　德与年皆进
颂语有南山　　寿大小神仙　　寿同福并高

大年享百千万　　天将以为木铎　　千首诗堆青玉案
博学冠天地人　　人望之如神仙　　九霄云履紫芝林

百年日月长生国　　一支宝烛生花笔　　文星彩放三千里
万卷诗书不老丹　　两卷瑶函寿世文　　人寿欣逢八百年

直享大年臻上寿　　后辈门墙承化雨　　园丁喜庆一堂秀
编成巨帙到期颐　　先生杖履煦春风　　桃李芬芳四海春

长志气年延寿益　　已为老骥常嘶枥　　培育桃李三千苗
培英才子孝孙贤　　化作春泥更护花　　撰对吟诗万古香

满园桃李甜中苦　　桃李满园期寿考　　万春方华千龄始旦
数句诗联苦里甜　　诗书盈榻度春秋　　群流仰镜大雅扶轮

培桃李已成行，仁人必寿　　国泰龙飞千秋永寿
颂莱台而介福，阴德遐昌　　基深学翰一代宗师

诗书享天爵之荣齿德达尊桃李千行承教泽
福寿唯洪畴所衍康强逢吉期颐百岁寿遐龄

科技界寿联

当看九州今正盛　　科界一生有建树　　皓首穷经青云得路
谁言七十古来稀　　淡然七秩少谋求　　黄花介寿晚节弥坚

体育界寿联

心闲延岁月　　运动场中称健将　　老当益壮功臣美
身健壮春秋　　强军阵里夺金牌　　志且雄豪事业兴

周天行健人常健　　体健身强宏开寿域
九日登高寿更高　　孙贤子孝颐养天年

医务界寿联

有回春妙手　　冰清还玉洁　　寿人寿世享高寿
称寿世仙翁　　松寿更繁荣　　医国医民作上医

寿世差同良相业　　妙手回春人益寿　　盛世春秋共乐
飞觞正暖杏林春　　悬壶济世自延年　　名医寿德同高

寿享遐龄仁心仁术　　着手成春夙精妙术
功同良相医国医民　　存心济世今享遐龄

多行善事寿昭日月　　从来寡欲必能高寿
广积德操福满乾坤　　自古积德定可延年

桑梓悬壶历尽风霜曾见诸多世面
乡亲聚首畅谈形势同歌幸福颐年

文化界寿联

利人方利己　　龙马精神在　　华堂喜啄千家对
多寿亦多财　　峰岚气韵新　　富室高悬百寿图

文以北斗成天象　　一代风骚扬四海　　翰墨春光辉寿域
月捧南山作寿杯　　八旬令旦寿千秋　　丹青异彩入霞觞

气吐咽云清若水　　华发朱颜春不老　　诗吐豪情度花甲
胸藏家国寿如山　　年高德劭月长明　　胸怀壮志振山河

寿歌对唱情思笃　　大匠经营群推老手
福韵双吟意蕴深　　高年颐养共祝长春

立德立言于兹不朽　　篆法鼎彝子孙永宝　　气吐烟云情怡山水
寿人寿世共此无疆　　缘联翰墨寿考维祺　　胸藏丘壑寿视冈陵

甲子重开,诗书喜共天年健
春秋不老,福寿欣同岁月增

仁人具寿者相　　多财洞悉延龄术　　大匠经营惟精是视
善士作富家翁　　谋利常存积德心　　劳工神圣俾寿而康

福运亨通逢耄耋　　人上征途心不老　　货殖成书多岁月
吉星高照迈期颐　　志朝峰顶景常春　　陶朱乐业永春秋

长者绝无市井气　　歌咏太平年利市,持筹赢三倍
寿翁久有斗山名　　涵濡共和福华堂,绚彩庆千春

有德经营善人是富　　有管鲍才,操利权胜算
无疆福禄寿考维祺　　富陶朱术,作商界无声

饮且尽绿玉杈,平格为祈天锡寿
游何能赤松子,康宁便是地行仙

教子克成名,为箕为裘,握算持筹始式谷
修德必获报,多福多寿,称觥酌斗祝灵椿

市廛间,谋大利,屋漏里,积阴功,孤诣质神明,从善深藏仍表露
交易上,泯私心,公平正,盛德至,至诚昭宇宙,不须导引自长生

古钱图案
（此图由"福""寿""德""长"四个字组
成,寓意德行高尚,福久寿长。）

八

附录

（一）中国历史朝代纪年表

三皇（年代不详，传说中的远古帝王）

天皇	地皇	泰皇

注：还有六种说法：(1)天皇、地皇、人皇；(2)伏羲、女娲、神农；(3)伏羲、神农、祝融；(4)伏羲、神农、共工；(5)伏羲、神农、黄帝；(6)燧人、伏羲、神农。

五帝（约公元前 30 世纪初—约前 21 世纪）

黄帝	颛顼(zhuānxū)	帝喾(kù)	尧	舜

注：还有三种说法：(1)太皞(伏羲)、炎帝(神龙)、黄帝、伯皞、颛顼；(2)少昊(皞)、颛顼、高辛(帝喾)、唐尧、虞舜；(3)伏羲、神农、黄帝、尧、舜。

夏（约公元前 2070—前 1600）

禹	仲康	予	泄	廑(jǐn)	发
启	相	槐	不降	孔甲	癸(guǐ)
太康	少康	芒	扃(jiōng)	皋(gāo)	桀(jié)

商（公元前 1600—前 1046）

商前期（公元前 1600—前 1300）

汤	太甲	雍己	河亶(dǎn)甲	祖丁
太丁	沃丁	太戊	祖乙	南庚
外丙	太庚	中丁	祖辛	阳甲
中壬	小甲	外壬	沃甲	盘庚(迁殷前)

商后期（公元前 1300—前 1046）

国王	在位年数	元年		国王	在位年数	元年	
		干支	公元			干支	公元
盘庚(迁殷后)				廪辛	(44)		前 1191
小辛	(50)		前 1300	康丁			
小乙				武乙	(35)	甲寅	前 1147
武丁	(59)		前 1250	文丁	(11)	己丑	前 1112
祖庚				帝乙	(26)	庚子	前 1101
祖甲				帝辛(纣)	(30)	丙寅	前 1075

注："盘庚""小辛""小乙"(前 1300—前 1251)，"祖甲""祖庚""廪辛""康丁"(前 1191—前 1148)，没有每人具体的在位起止年份。其中，终止年份：前 1251 年，庚午；前 1148 年，癸丑。

周（公元前 1046—前 256）

西周（公元前 1046—前 771）

国王	在位年数	元年		国王	在位年数	元年	
		干支	公元			干支	公元
武王（姬[jī]发）	（4）	乙未	前 1046	孝王（～辟方）	（6）	庚午	前 891
成王（～诵）	（22）	己亥	前 1042	夷王（～燮[xiè]）	（8）	丙子	前 885
康王（～钊[zhāo]）	（25）	辛酉	前 1020	厉王（～胡）	（37）	甲申	前 877
昭王（～瑕[xiá]）	（19）	丙戌	前 995	共和	（14）	庚申	前 841
穆王（～满）	（55）	乙巳	前 976	宣王（～静）	（46）	甲戌	前 827
共[gòng]王（～繄[yī]扈）	（23）	己亥	前 922	幽王（～宫湦[shēng]）	（11）	庚申	前 781
懿[yì]王（～囏[jiān]）	（8）	壬戌	前 899				

东周（公元前 770—前 256）

帝王	在位年数	元年		帝王	在位年数	元年	
		干支	公元			干支	公元
平王（姬宜臼）	（51）	辛未	前 770	敬王（～匄[gài]）	（44）	壬午	前 519
桓王（～林）	（23）	壬戌	前 719	元王（～仁）	（7）	丙寅	前 475
庄王（～佗[tuó]）	（15）	乙酉	前 696	贞定王（～介）	（28）	癸酉	前 468
釐[xī]王（～胡齐）	（5）	庚子	前 681	哀王（～去疾）	（1）	庚子	前 441
惠王（～阆[làng]）	（25）	乙巳	前 676	思王（～叔）	（1）	庚子	前 441
襄[xiāng]王（～郑）	（33）	庚午	前 651	考王（～嵬[wéi]）	（15）	辛丑	前 440
顷王（～壬臣）	（6）	癸卯	前 618	威烈王（～午）	（24）	丙辰	前 425
匡王（～班）	（6）	己酉	前 612	安王（～骄）	（26）	庚辰	前 401
定王（～瑜[yú]）	（21）	乙卯	前 606	烈王（～喜）	（7）	丙午	前 375
简王（～夷）	（14）	丙子	前 585	显王（～扁）	（48）	癸丑	前 368
灵王（～泄心）	（27）	庚寅	前 571	慎靓[jìng]王（～定）	（6）	辛丑	前 320
景王（～贵）	（25）	丁巳	前 544	赧[nǎn]王（～延）	（59）	丁未	前 314
悼王（～猛）	（1）	辛巳	前 520				

注：东周可分为春秋、战国两个时期。

春秋（公元前 770—前 476）

国名	国君	在位年数	元年	
			干支	公元
鲁	孝公（姬称）	（28）	乙巳	前 796
	惠公（～弗涅）	（46）	癸酉	前 768
	隐公（～息姑）	（11）	己未	前 722
	桓公（～允）	（18）	庚午	前 711
	庄公（～同）	（32）	戊子	前 693
	湣公（～启）	（2）	庚申	前 661

国名	国君	在位年数	元年	
			干支	公元
鲁	**釐公**(～申)	(33)	壬戌	前659
	文公(～兴)	(18)	乙未	前626
	宣公(～俀)	(18)	癸丑	前608
	成公(～黑肱)	(18)	辛未	前590
	襄公(～午)	(31)	己丑	前572
	昭公(～稠)	(32)	庚申	前541
	定公(～宋)	(15)	壬辰	前509
	哀公(～将)	(19)	丁未	前494
齐	庄公(姜赎)	(64)	丁未	前794
	釐公(～禄父)	(33)	辛亥	前730
	襄公(～诸儿)	(12)	甲申	前697
	桓公(～小白)	(43)	丙申	前685
	孝公(～昭)	(10)	己卯	前642
	昭公(～潘)	(20)	己丑	前632
	懿公(～商人)	(4)	己酉	前612
	惠公(～元)	(10)	癸丑	前608
	顷公(～无野)	(17)	癸亥	前598
	灵公(～环)	(28)	庚辰	前581
	庄公(～光)	(6)	戊申	前553
	景公(～杵臼)	(58)	甲寅	前547
	晏孺子(～荼)	(1)	壬子	前489
	悼公(～阳生)	(4)	癸丑	前488
	简公(～任)	(4)	丁巳	前484
	平公(～鹜)	(5)	辛酉	前480
晋	文侯(姬仇)	(35)	辛酉	前780
	昭侯(～伯)	(6)	丙申	前745
	孝侯(～平)	(16)	壬寅	前739
	鄂侯(～郤)	(6)	戊午	前723
	哀侯(～光)	(8)	甲子	前717
	小子侯	(3)	壬申	前709
	晋侯(～湣)	(28)	乙亥	前706
	武公(～称)	(2)	癸卯	前678
	献公(～诡诸)	(26)	乙巳	前676
	惠公(～夷吾)	(14)	辛未	前650
	文公(～重耳)	(9)	乙酉	前636
	襄公(～骊)	(7)	甲午	前627
	灵公(～夷皋)	(14)	辛丑	前620
	成公(～黑臀)	(7)	乙卯	前606
	景公(～据)	(19)	壬戌	前599
	厉公(～寿曼)	(8)	辛巳	前580
	悼公(～周)	(15)	己丑	前572

国名	国君	在位年数	元年	
			干支	公元
晋	平公（～彪）	(26)	甲辰	前557
	昭公（～夷）	(6)	庚午	前531
	顷公（～弃疾）	(14)	丙子	前525
	定公（～午）	(36)	庚寅	前511
秦	襄公	(12)	甲子	前777
	文公	(50)	丙子	前765
	宁公	(12)	丙寅	前715
	出公	(6)	戊寅	前703
	武公	(20)	甲申	前697
	德公	(2)	甲辰	前677
	宣公	(12)	丙午	前675
	成公	(4)	戊午	前663
	穆公（嬴任好）	(39)	壬戌	前659
	康公（～罃）	(12)	辛丑	前620
	共公（～和）	(5)	癸丑	前608
	桓公	(27)	戊午	前603
	景公（～后）	(40)	乙酉	前576
	哀公	(36)	乙丑	前536
	惠公	(10)	辛丑	前500
	悼公	(14)	辛亥	前490
	厉共公	(1)	乙丑	前476
楚	熊若敖	(27)	辛亥	前790
	～霄敖	(6)	戊寅	前763
	～蚡冒	(17)	甲申	前757
	武王（熊通）	(51)	辛丑	前740
	文王（～赀）	(13)	壬辰	前689
	熊堵敖囏	(5)	乙巳	前676
	成王（～恽）	(46)	庚戌	前671
	穆王（～商臣）	(12)	丙申	前625
	庄王（～侣）	(23)	戊申	前613
	共王（～审）	(31)	辛未	前590
	康王（～招）	(15)	壬寅	前559
	熊郏敖	(4)	丁巳	前544
	灵王（～围）	(12)	辛酉	前540
	平王（～居）	(13)	癸酉	前528
	昭王（～珍）	(27)	丙戌	前515
	惠王（～章）	(13)	癸丑	前488
宋	戴公	(34)	壬寅	前799
	武公（子司空）	(18)	丙子	前765
	宣公（～力）	(19)	甲午	前747
	穆公（～和）	(9)	癸丑	前728

国名	国君	在位年数	元年	
			干支	公元
宋	殇公(～与夷)	(9)	壬戌	前719
	庄公(～冯)	(19)	辛未	前710
	滑公(～捷)	(10)	庚寅	前691
	桓公(～御说)	(31)	庚子	前681
	襄公(～兹父)	(14)	辛未	前650
	成公(～王臣)	(17)	乙酉	前636
	昭公(～杵曰)	(9)	壬寅	前619
	文公(～鲍)	(22)	辛亥	前610
	共公(～瑕)	(13)	癸酉	前588
	平公(～成)	(44)	丙戌	前575
	元公(～佐)	(15)	庚午	前531
	景公(～头曼)	(41)	乙酉	前516

注:公元前770年,鲁孝公二十七年、齐庄公二十五年、晋文侯十一年、秦襄公八年、楚熊若敖二十一年、宋戴公三十年春秋开始。

战国(公元前475—前221)

国名	国君	在位年数	元年	
			干支	公元
秦	厉共公	(34)	乙丑	前476
	躁公	(14)	己亥	前442
	怀公	(4)	癸丑	前428
	灵公	(10)	丁巳	前424
	简公(嬴悼子)	(15)	丁卯	前414
	惠公	(13)	壬午	前399
	出子	(2)	乙未	前386
	献公(～师隰)	(23)	丁酉	前384
	孝公(～渠梁)	(24)	庚申	前361
	惠文王(～驷)	(27)	甲申	前337
	武王(～荡)	(4)	辛亥	前310
	昭襄王(～则)	(56)	乙卯	前306
	孝文王(～柱)	(1)	辛亥	前250
	庄襄王(～楚)	(3)	壬子	前249
	秦王(～政)	(26)	乙卯	前246
魏	文侯(斯)	(50)	丙申	前445
	武侯(击)	(26)	丙戌	前395
	惠王(罃)	(51)	壬子	前369
	襄王(嗣)	(23)	癸卯	前318
	昭王(遬)	(19)	丙寅	前295
	安釐王(圉)	(34)	乙酉	前276
	景湣王(增)	(15)	己未	前242
	魏王(假)	(3)	甲戌	前227

国名	国君	在位年数	元年	
			干支	公元
韩	武子(启章)	(16)	丁巳	前424
	景侯(虔)	(9)	癸酉	前408
	烈侯(取)	(13)	壬午	前399
	文侯	(10)	乙未	前386
	哀侯	(2)	乙巳	前376
	懿侯	(12)	丁未	前374
	昭侯	(30)	己未	前362
	宣惠王	(21)	己丑	前332
	襄王(仓)	(16)	庚戌	前311
	釐王(咎)	(23)	丙寅	前295
	桓惠王	(34)	己丑	前272
	韩王(安)	(9)	癸亥	前238
赵	襄子(无恤)	(51)	丙寅	前475
	桓子(嘉)	(1)	丁巳	前424
	献侯(浣)	(15)	戊午	前423
	烈侯(籍)	(22)	癸酉	前408
	敬侯(章)	(12)	乙未	前386
	成侯(种)	(25)	丁未	前374
	肃侯(语)	(24)	壬申	前349
	武灵王(雍)	(27)	丙申	前325
	惠文王(何)	(33)	癸亥	前298
	孝成王(丹)	(21)	丙申	前265
	悼襄王(偃)	(9)	丁巳	前244
	赵王(迁)	(8)	丙寅	前235
	代王(嘉)	(6)	甲戌	前227
楚	惠王(熊章)	(57)	癸丑	前488
	简王(～仲)	(24)	庚戌	前431
	声王(～当)	(6)	甲戌	前407
	悼王(～疑)	(21)	庚辰	前401
	肃王(～臧)	(11)	辛丑	前380
	宣王(～良夫)	(30)	壬子	前369
	威王(～商)	(11)	壬午	前339
	怀王(～槐)	(30)	癸巳	前328
	顷襄王(～横)	(36)	癸亥	前298
	考烈王(～完)	(25)	己亥	前262
	幽王(～悼)	(10)	甲子	前237
	楚王(～负刍)	(5)	甲戌	前227
燕	献公	(28)	己酉	前492
	孝公	(15)	丁丑	前464
	成公	(16)	壬辰	前449

146

国名	国君	在位年数	元年	
			干支	公元
燕	滑公	(31)	戊申	前433
	釐公	(30)	己卯	前402
	桓公	(11)	己酉	前372
	文公	(29)	庚申	前361
	易王	(12)	己丑	前332
	姬哙	(9)	辛丑	前320
	昭王	(33)	庚戌	前311
	惠王	(7)	癸未	前278
	武成王	(14)	庚寅	前271
	孝王	(3)	甲辰	前257
	燕王（姬喜）	(33)	丁未	前254
齐	平公（姜骜）	(25)	辛酉	前480
	宣公（姜就匝）	(51)	丙戌	前455
	康公（姜贷）	(26)	丁丑	前404
	威王（田因齐）	(36)	癸卯	前378
	宣王（田辟疆）	(19)	己卯	前342
	湣王（田遂）	(40)	戊戌	前323
	襄王（田法章）	(19)	戊寅	前283
	齐王（田建）	(44)	丁酉	前264

注：公元前475年，秦历共公二年、楚惠王十四年、燕献公十八年、齐平公六年，战国开始。

秦〔秦帝国（公元前221—前206）〕

帝王	在位年数	元年		帝王	在位年数	元年	
		干支	公元			干支	公元
昭襄王（嬴则，又名稷）	(56)	乙卯	前306	始皇帝（～政）	(37)	乙卯	前246
孝文王（～柱）	(1)	辛亥	前250	二世皇帝（～胡亥）	(3)	壬辰	前209
庄襄王（～子楚）	(3)	壬子	前249				

注：周赧王59年（前256），秦灭周。自次年（秦昭襄王52年，前255）起至秦王政25年（前222），史家以秦王纪年。秦王政26年（前221）完成统一，称始皇帝。

汉（公元前206—公元220）

西汉（公元前206—公元25）

帝王	年号（使用年数）	元年		帝王	年号（使用年数）	元年	
		干支	公元			干支	公元
高祖（刘邦）	(12)	乙未	前206	高后（吕雉）	(8)	甲寅	前187
惠帝（～盈）	(7)	丁未	前194	文帝（刘恒）	(16)	壬戌	前179

帝王	年号(使用年数)	元年		帝王	年号(使用年数)	元年	
		干支	公元			干支	公元
景帝(~启)	(后元)(7)	戊寅	前163		甘露(4)	戊辰	前53
	(7)	乙酉	前156		黄龙(1)	壬申	前49
	(中元)(6)	壬辰	前149	元帝(~奭[shì])	初元(5)	癸酉	前48
武帝(~彻)	(后元)(3)	戊戌	前143		永光(5)	戊寅	前43
	建元(6)	辛丑	前140		建昭(5)	癸未	前38
	元光(6)	丁未	前134		竟宁(1)	戊子	前33
	元朔(6)	癸丑	前128	成帝(~骜[ào])	建始(4)	己丑	前32
	元狩(6)	己未	前122		河平(4)	癸巳	前28
	元鼎(6)	乙丑	前116		阳朔(4)	丁酉	前24
	元封(6)	辛未	前110		鸿嘉(4)	辛丑	前20
	太初(4)	丁丑	前104		永始(4)	乙巳	前16
	天汉(4)	辛巳	前100		元延(4)	己酉	前12
	太始(4)	乙酉	前96		绥和(2)	癸丑	前8
	征和(4)	己丑	前92	哀帝(刘欣)	建平(4)	乙卯	前6
	后元(2)	癸巳	前88		元寿(2)	己未	前2
昭帝(~弗陵)	始元(7)	乙未	前86	平帝(~衎[kàn])	元始(5)	辛酉	公元1
	元凤(6)	辛丑	前80	孺子婴(王莽摄政)	居摄(3)	丙寅	6
	元平(1)	丁未	前74		初始(1)	戊辰	8
宣帝(~询)	本始(4)	戊申	前73	[新]王莽	始建国(5)	己巳	9
	地节(4)	壬子	前69		天凤(6)	甲戌	14
	元康(5)	丙辰	前65		地皇(4)	庚辰	20
	神爵(4)	庚申	前61	更始帝(刘玄)	更始(3)	癸未	23
	五凤(4)	甲子	前57				

注:刘邦,前206年受封汉王,前202年,称帝,国号汉。

王莽,8年篡权,改国号新,故有西汉至初始元年王莽代汉止说。

东汉(25—220)

帝王	年号(使用年数)	元年		帝王	年号(使用年数)	元年	
		干支	公元			干支	公元
光武帝(刘秀)	建武(32)	乙酉	25		永宁(2)	庚申	120
	建武中元(2)	丙辰	56		建光(2)	辛酉	121
明帝(~庄)	永平(18)	戊午	58		延光(4)	壬戌	122
章帝(~炟[dá])	建初(9)	丙子	76	顺帝(~保)	永建(7)	丙寅	126
	元和(4)	甲申	84		阳嘉(4)	壬申	132
	章和(2)	丁亥	87		永和(6)	丙子	136
和帝(~肇[zhào])	永元(17)	己丑	89		汉安(3)	壬午	142
	元兴(1)	乙巳	105		建康(1)	甲申	144
殇[shāng]帝(~隆)	延平(1)	丙午	106	冲帝(~炳[bǐng])	永嘉[xī]	乙酉	145
安帝(~祜[hù])	永初(7)	丁未	107		(嘉)(1)		
	元初(7)	甲寅	114	质帝(~缵[zuǎn])	本初(1)	丙戌	146

帝王	年号(使用年数)	元年		帝王	年号(使用年数)	元年	
		干支	公元			干支	公元
桓帝(～志)	建和(3)	丁亥	147	献帝(～协)	熹平(7)	壬子	172
	和平(1)	庚寅	150		光和(7)	戊午	178
	元嘉(3)	辛卯	151		中平(6)	甲子	184
	永兴(2)	癸巳	153		初平(4)	庚午	190
	永寿(4)	乙未	155		兴平(2)	甲戌	194
	延熹[xī](10)	戊戌	158		建安(25)	丙子	196
	永康(1)	丁未	167		延康(1)	庚子	220
灵帝(～宏)	建宁(5)	戊申	168				

三国(220—280)

魏(220—265)

帝王	年号(使用年数)	元年		帝王	年号(使用年数)	元年	
		干支	公元			干支	公元
文帝(曹丕[pī])	黄初(7)	庚子	220	高贵乡公(～髦[máo])	嘉平(6)	己巳	249
明帝(～叡[ruì])	太和(7)	丁未	227		正元(3)	甲戌	254
	青龙(5)	癸丑	233		甘露(5)	丙子	256
	景初(3)	丁巳	237	元帝(～奂[huàn])	景元(5)	庚辰	260
齐王(～芳)	正始(10)	庚申	240	(陈留王)	咸熙(2)	甲申	264

蜀汉(221—263)

帝王	年号(使用年数)	元年		帝王	年号(使用年数)	元年	
		干支	公元			干支	公元
昭烈帝(刘备)	章武(3)	辛丑	221		景耀(6)	戊寅	258
后主(～禅)[shàn]	建兴(15)	癸卯	223		炎兴(1)	癸未	263
	延熙(20)	戊午	238				

吴(222—280)

帝王	年号(使用年数)	元年		帝王	年号(使用年数)	元年	
		干支	公元			干支	公元
大帝(孙权)	黄武(8)	壬寅	222	景帝(～休)	永安(7)	戊寅	258
	黄龙(3)	己酉	229	乌程侯(～皓[hào])	元兴(2)	甲申	264
	嘉禾(7)	壬子	232		甘露(2)	乙酉	265
	赤乌(14)	戊午	238		宝鼎(4)	丙戌	266
	太元(2)	辛未	251		建衡(3)	己丑	269
	神凤(1)	壬申	252		凤凰(3)	壬辰	272
会稽王(～亮)	建兴(2)	壬申	252		天册(2)	乙未	275
	五凤(3)	甲戌	254		天玺(1)	丙申	276
	太平(3)	丙子	256		天纪(4)	丁酉	277

八、附录

晋（265—420）

西晋（265—317）

帝王	年号（使用年数）	元年		帝王	年号（使用年数）	元年	
		干支	公元			干支	公元
武帝（司马炎）	泰始（10）	乙酉	265		太安（2）	壬戌	302
	咸宁（6）	乙未	275		永安（1）	甲子	304
	太康（10）	庚子	280		建武（1）	甲子	304
	太熙（1）	庚戌	290		永安（1）	甲子	304
惠帝（司马衷）	永熙（1）	庚戌	290		永兴（3）	甲子	304
	永平（1）	辛亥	291		光熙（1）	丙寅	306
	元康（9）	辛亥	291	怀帝（～炽[chì]）	永嘉（7）	丁卯	307
	永康（2）	庚申	300	愍[mǐn]帝（～邺[yè]）	建兴（5）	癸酉	313
	永宁（2）	辛酉	301				

东晋（317—420）

帝王	年号（使用年数）	元年		帝王	年号（使用年数）	元年	
		干支	公元			干支	公元
元帝（司马睿[ruì]）	建武（2）	丁丑	317	哀帝（～丕[pī]）	隆和（2）	壬戌	362
	大兴（4）	戊寅	318		兴宁（3）	癸亥	363
	永昌（2）	壬午	322	海西公（～奕[yì]）	太和（6）	丙寅	366
明帝（～绍）	永昌	壬午	322	简文帝（～昱[yù]）	咸安（2）	辛未	371
	太宁（4）	癸未	323	孝武帝（～曜[yào]）	宁康（3）	癸酉	373
成帝（～衍[yǎn]）	太宁	乙酉	325		太元（21）	丙子	376
	咸和（9）	丙戌	326	安帝（～德宗）	隆安（5）	丁酉	397
	咸康（8）	乙未	335		元兴（3）	壬寅	402
康帝（～岳）	建元（2）	癸卯	343		义熙（14）	乙巳	405
穆帝（～聃[dān]）	永和（12）	乙巳	345	恭帝（～德文）	元熙（2）	己未	419
	升平（5）	丁巳	357				

附：十六国（304—439）

国名	国君	年号（使用年数）	元年	
			干支	公元
汉（前赵）（304—329）	刘渊	元熙（5）	甲子	304
		永凤（1）	戊辰	308
		河瑞（2）	己巳	309
	刘聪	光兴（2）	庚午	310
		嘉平（5）	辛未	311
		建元（2）	乙亥	315
		麟嘉（3）	丙子	316
	刘曜	光初（12）	戊寅	318

国名	国君	年号 (使用年数)	元年	
			干支	公元
成汉 (304—347)	李雄	建兴(3)	甲子	304
		晏平(5)	丙寅	306
		玉衡(24)	辛未	311
	李期	玉恒(4)	乙未	335
	李寿	汉兴(6)	戊戌	338
	李势	太和(3)	甲辰	344
		嘉宁(2)	丙午	346
代 (315—376)	拓跋猗卢	(24)	乙亥	315
	拓跋什翼犍	建国(39)	戊戌	338
前凉 (317—376)	张寔	(4)	丁丑	317
	张茂	永元(4)	庚辰	320
	张骏	太元(23)	甲申	324
	张重华	永乐(8)	丙午	346
	张祚	和平(2)	甲寅	354
	张玄靓	太始(8)	乙卯	355
	张天锡	太清(14)	癸亥	363
后赵 (319—351)	石勒	(10)	乙卯	319
		太和(3)	戊子	328
		建平(4)	庚寅	330
	石弘	延熙(1)	甲午	334
	石虎	建武(14)	乙未	335
		太宁(1)	己酉	349
	石鉴	青龙(1)	庚戌	350
	石祇	永宁(2)	庚戌	350
冉魏 (350—352)	冉闵	永兴(3)	庚戌	350
前秦 (350—394)	苻洪	(1)	庚戌	350
	苻健	皇始(5)	辛亥	351
	苻生	寿光(3)	乙卯	355
	苻坚	永兴(3)	丁巳	357
		甘露(6)	己未	359
		建元(21)	乙丑	365
前燕 (337—370)	慕容皝	(12)	丁酉	337
	慕容儁	(4)	己酉	349
		元玺(6)	壬子	352
		光寿(3)	丁巳	357
	慕容暐	建熙(11)	庚申	360

国名	国君	年号（使用年数）	元年	
			干支	公元
前秦（350—394）	苻丕	太安(2)	乙酉	385
	苻登	太初(9)	丙戌	386
	苻崇	延初(1)	甲午	394
后秦（384—417）	姚苌	白雀(3)	甲申	384
		建初(9)	丙戌	386
	姚兴	皇初(6)	甲午	394
		弘始(18)	乙亥	399
	姚泓	永和(2)	丙辰	416
后燕（384—407）	慕容垂	燕元(3)	甲申	384
		建兴(11)	丙戌	386
	慕容宝	永康(3)	丙申	396
	慕容盛	建平(1)	戊戌	398
		长乐(3)	己亥	399
	慕容熙	光始(7)	辛丑	401
		建始(1)	丁未	407
西燕（384—394）	慕容泓	燕兴(1)	甲申	384
	慕容冲	更始(2)	乙酉	385
	慕容瑶	建平(1)	丙戌	386
	慕容忠	建武(1)	丙戌	386
	慕容颢	建明(1)	丙戌	386
	慕容永	中兴(9)	丙戌	386
西秦（385—431）	乞伏国仁	建义(4)	乙酉	385
	乞伏乾归	太初(13)	戊子	388
		更始(4)	己酉	409
	乞伏炽磐	永康(8)	壬子	412
		建弘(9)	庚申	420
	乞伏暮末	永弘(4)	戊辰	428
后凉（386—403）	吕光	太安(4)	丙戌	386
		麟嘉(8)	己丑	389
		龙飞(4)	丙申	396
	吕光、吕绍	承康(1)	己亥	399
	吕纂	咸宁(3)	己亥	399
	吕隆	神鼎(3)	辛丑	401
南凉（397—414）	秃发乌孤	太初(3)	丁酉	397
	秃发利鹿孤	建和(3)	庚子	400
	秃发傉檀	弘昌(3)	壬寅	402
		嘉平(7)	戊申	408

国名	国君	年号 (使用年数)	元年	
			干支	公元
南燕 (398—410)	慕容德	(2)	戊戌	398
		建平(6)	庚子	400
	慕容超	太上(6)	乙巳	405
西凉 (400—421)	李暠	庚子(5)	庚子	400
		建初(13)	乙巳	405
	李歆	嘉兴(4)	丁巳	417
	李恂	永建(2)	庚申	420
北凉 (401—439)	沮渠蒙逊	永安(12)	辛丑	401
		玄始(17)	壬子	412
		承玄(4)	戊辰	428
		义和(3)	辛未	431
	沮渠牧犍	永和(7)	癸酉	433
夏 (407—431)	赫连勃勃	龙昇(7)	丁未	407
		凤翔(6)	癸丑	413
		昌武(2)	戊午	418
		真兴(7)	己未	419
	赫连昌	承光(4)	乙丑	425
	赫连定	胜光(4)	戊辰	428
北燕 (407—436)	高云	正始(3)	丁未	407
	冯跋	太平(22)	己酉	409
	冯弘	太兴(6)	庚午	431

注：西秦400年降后秦，409年复国。(2)南凉404—408年曾向后秦称臣。(3)本表除了史书所称的"十六国"外，还列上了冉魏、西燕和代三国。

南北朝(420—589)

南朝(420—589)

朝代名	帝王	年号 (使用年数)	元年	
			干支	公元
宋 (420—479)	武帝(刘裕)	永初(3)	庚申	420
	少帝(～义符)	景平(2)	癸亥	423
	文帝(～义隆)	元嘉(30)	甲子	424
	孝武帝(～骏[jùn])	孝建(3)	甲午	454
		大明(8)	丁酉	457
	前废帝(～子业)	永光(1)	乙巳	465
		景和(1)	乙巳	465
	明帝(～彧[yù])	泰始(7)	乙巳	465

朝代名	帝王	年号 (使用年数)	元年	
			干支	公元
宋 (420—479)	后废帝(~昱[yù])(苍梧王)	泰豫(1)	壬子	472
	顺帝(~準)	元徽(5)	癸丑	473
		昇明(3)	丁巳	477
齐 (479—502)	高帝(萧道成)	建元(4)	己未	479
	武帝(~赜[zé])	永明(11)	癸亥	483
	鬱林王(~昭业)	隆昌(1)	甲戌	494
	海陵王(~昭文)	延兴(1)	甲戌	494
	明帝(~鸾)	建武(5)	甲戌	494
		永泰(1)	戊寅	498
	东昏侯(~宝卷)	永元(3)	己卯	499
	和帝(~宝融)	中兴(2)	辛巳	501
梁 (502—557)	武帝(萧衍[yǎn])	天监(18)	壬午	502
		普通(8)	庚子	520
		大通(3)	丁未	527
		中大通(6)	己酉	529
		大同(12)	乙卯	535
		中大同(2)	丙寅	546
		太清(3)①	丁卯	547
	简文帝(~纲)	大宝(2)②	庚午	550
	元帝(~绎[yì])	承圣(4)	壬申	552
	敬帝(~方智)	绍泰(2)	乙亥	555
		太平(2)	丙子	556
陈 (557—589)	武帝(陈霸先)	永定(3)	丁丑	557
	文帝(~蒨[qiàn])	天嘉(7)	庚辰	560
		天康(1)	丙戌	566
	废帝(~伯宗)(临海王)	光大(2)	丁亥	567
	宣帝(~顼[xū])	太建(14)	己丑	569
	后主(~叔宝)	至德(4)	癸卯	583
		祯明(3)	丁未	587

北朝(439—581)

朝代名	帝王	年号 (使用年数)	元年	
			干支	公元
北魏 (386—534)	道武帝(拓跋珪[guī])	登国(11)	丙戌	386
		皇始(3)	丙申	396
		天兴(7)	戊戌	398
		天赐(6)	甲辰	404
	明元帝(~嗣[sì])	永兴(5)	己酉	409

注:①有的地区用至 6 年。

②有的地区用至 3 年。

朝代名	帝王	年号 (使用年数)	元年	
			干支	公元
北魏 (386—534)	太武帝(～焘)	神瑞(3)	甲寅	414
		泰常(8)	丙辰	416
		始光(5)	甲子	424
		神麚[jiā](4)	戊辰	428
		延和(3)	壬申	432
		太延(6)	乙亥	435
		太平真君(12)	庚辰	440
		正平(2)	辛卯	451
	南安王(拓跋余)	永(承)平(1)	壬辰	452
	文成帝(～濬[jùn])	兴安(3)	壬辰	452
		兴光(2)	甲午	454
		太安(5)	乙未	455
		和平(6)	庚子	460
	献文帝(～弘)	天安(2)	丙午	466
		皇兴(5)	丁未	467
	孝文帝(元宏)	延兴(6)	辛亥	471
		承明(1)	丙辰	476
		太和(23)	丁巳	477
	宣武帝(～恪[kè])	景明(4)	庚辰	500
		正始(5)	甲申	504
		永平(5)	戊子	508
		延昌(4)	壬辰	512
	孝明帝(～诩[xǔ])	熙平(3)	丙申	516
		神龟(3)	戊戌	518
		正光(6)	庚子	520
		孝昌(3)	乙巳	525
		武泰(1)	戊申	528
	孝庄帝(～子攸[yōu])	建义(1)	戊申	528
		永安(3)	戊申	528
	长广王(～晔[yè])	建明(2)	庚戌	530
	节闵[mǐn]帝(～恭)	普泰(2)	辛亥	531
	安定王(～朗)	中兴(2)	辛亥	531
	孝武帝(～脩)	太昌(1)	壬子	532
		永兴(1)	壬子	532
		永熙(3)	壬子	532
东魏 (534—550)	孝静帝(元善见)	天平(4)	甲寅	534
		元象(2)	戊午	538
		兴和(4)	己未	539
		武定(8)	癸亥	543

朝代名	帝王	年号（使用年数）	元年 干支	元年 公元
北齐（550—577）	文宣帝(高洋)	天保(10)	庚午	550
	废帝(～殷)	乾明(1)	庚辰	560
	孝昭帝(～演)	皇建(2)	庚辰	560
	武成帝(～湛)	太宁(2)	辛巳	561
		河清(4)	壬午	562
	后主(～纬)	天统(5)	乙酉	565
		武平(7)	庚寅	570
		隆化(1)	丙申	576
	幼主(～恒)	承光(1)	丁酉	577
西魏（535—556）	文帝(元宝炬)	大统(17)	乙卯	535
	废帝(～钦)	(3)	壬申	552
	恭帝(～廓)	(3)	甲戌	554
北周（557—581）	孝闵[mǐn]帝(宇文觉)	(1)	丁丑	557
	明帝(～毓[yù])	(3)	丁丑	557
		武成(2)	己卯	559
	武帝(～邕[yōng])	保定(5)	辛巳	561
		天和(7)	丙戌	566
		建德(7)	壬辰	572
		宣政(1)	戊戌	578
	宣帝(～赟[yūn])	大成(1)	己亥	579
	静帝(～阐[chǎn])	大象(3)	己亥	579
		大定(1)	辛丑	581

注:北魏建国于丙戌年(386年)正月,初称代国,至同年四月始改国号为魏,439年灭北凉,统一北方。

隋(581—618)

帝王	年号（使用年数）	元年 干支	元年 公元	帝王	年号（使用年数）	元年 干支	元年 公元
文帝(杨坚)	开皇(20)	辛丑	581	恭帝(～侑[yòu])	义宁(2)	丁丑	617
	仁寿(4)	辛酉	601				
炀[yáng]帝(～广)	大业(14)	乙丑	605				

注:隋建国于581年,589年灭陈,完成统一。

唐(618—907)

帝王	年号(使用年数)	元年		帝王	年号(使用年数)	元年	
		干支	公元			干支	公元
高祖(李渊)	武德(9)	戊寅	618	玄宗(～隆基)	先天(2)	壬子	712
太宗(～世民)	贞观(23)	丁亥	627		开元(29)	癸丑	713
高宗(～治)	永徽(6)	庚戌	650		天宝(15)	壬午	742
	显庆(6)	丙辰	656	肃宗(～亨)	至德(3)	丙申	756
	龙朔(3)	辛酉①	661		乾元(3)	戊戌	758
	麟德(2)	甲子	664		上元(2)	庚子	760
	乾封(3)	丙寅	666		(1)③	辛丑	761
	总章(3)	戊辰	668	代宗(～豫)	宝应(2)	壬寅	762
	咸亨(5)	庚午	670		广德(2)	癸卯	763
	上元(3)	甲戌	674		永泰(2)	乙巳	765
	仪凤(4)	丙子	676		大历(14)	丙午	766
	调露(2)	己卯	679	德宗(～适[kuò])	建中(4)	庚申	780
	永隆(2)	庚辰	680		兴元(1)	甲子	784
	开耀(2)	辛巳	681		贞元(21)	乙丑	785
	永淳(2)	壬午	682	顺宗(～诵)	永贞(1)	乙酉	805
	弘道(1)	癸未	683	宪宗(～纯)	元和(15)	丙戌	806
中宗(～显又名哲)	嗣圣(1)	甲申	684	穆宗(～恒)	长庆(4)	辛丑	821
睿[ruì]宗(～旦)	文明(1)	甲申	684	敬宗(～湛)	宝历(3)	乙巳	825
武后(武曌[zhào])	光宅(1)	甲申	684	文宗(～昂)	宝历	丙午	826
	垂拱(4)	乙酉	685		大(太)和(9)	丁未	827
	永昌(1)	己丑	689		开成(5)	丙辰	836
	载初②(1)	庚寅	690	武宗(～炎)	会昌(6)	辛酉	841
武后称帝,改国号为周	天授(3)	庚寅	690	宣宗(～忱[chén])	大中(14)	丁卯	847
	如意(1)	壬辰	692	懿[yì]宗(～漼[cuǐ])	大中	己卯	859
	长寿(3)	壬辰	692		咸通(15)	庚辰	860
	延载(1)	甲午	694	僖[xī]宗(～儇[xuān])	咸通	癸巳	873
	证圣(1)	乙未	695		乾符(6)	甲午	874
	天册万岁(2)	乙未	695		广明(2)	庚子	880
	万岁登封(1)	丙申	696		中和(5)	辛丑	881
	万岁通天(2)	丙申	696		光启(4)	乙巳	885
	神功(1)	丁酉	697		文德(1)	戊申	888
	圣历(3)	戊戌	698	昭宗(～晔[yè])	龙纪(1)	己酉	889
	久视(1)	庚子	700		大顺(2)	庚戌	890
	大足(1)	辛丑	701		景福(2)	壬子	892
	长安(4)	辛丑	701		乾宁(5)	甲寅	894
中宗(李显又名哲),复唐国号	神龙(3)	乙巳	705		光化(4)	戊午	898
	景龙(4)	丁未	707		天复(4)	辛酉	901
睿宗(～旦)	景云(2)	庚戌	710		天祐(4)	甲子	904
	太极(1)	壬子	712	哀帝(～柷[chù])	天祐④	甲子	904
	延和(1)	壬子	712				

注:①辛酉三月丙申朔改元,一作辛酉二月乙未晦改元。
　　②始用周正,改永昌元年十一月为载初元年正月,以十二月为腊月,夏正月为一月。久视元年十月复用夏正,以正月为十一月,腊月为十二月,一月为正月。
　　③此年九月以后去年号,但称元年。
　　④哀帝即位未改元。

五代十国（907—960）

五代（907—960）

国名	国君	年号（使用年数）	元年	
			干支	公元
后梁（907—923）	太祖（朱晃，又名温、全忠）	开平（5）	丁卯	907
		乾化（5）	辛未	911
	末帝（～瑱[zhèn]）	乾化	癸酉	913
		贞明（7）	乙亥	915
		龙德（3）	辛巳	921
后唐（923—936）	庄宗（李存勖[xù]）	同光（4）	癸未	923
	明宗（～亶[dǎn]）	天成（5）	丙戌	926
		长兴（4）	庚寅	930
	闵[mǐn]帝（～从厚）	应顺（1）	甲午	934
	末帝（～从珂[kē]）	清泰（3）	甲午	934
后晋（936—947）	高祖（石敬瑭[táng]）	天福（9）	丙申	936
	出帝（～重贵）	天福①	壬寅	942
		开运（4）	甲辰	944
后汉（947—950）	高祖（刘暠[gǎo]，本名知远）	天福②	丁未	947
		乾祐（3）	戊申	948
	隐帝（～承祐）	乾祐③	戊申	948
后周（951—960）	太祖（郭威）	广顺（3）	辛亥	951
		显德（7）	甲寅	954
	世宗（柴荣）	显德④（6）	甲寅	954
	恭帝（～宗训）	显德	己未	959

注：①后晋出帝即位未改元。
②后汉高祖即位，仍用后晋高祖年号，称天福十二年。
③后汉隐帝即位未改元。
④后周世宗、恭帝都未改元。

十国（902—979）

国名	国君	年号（使用年数）	元年	
			干支	公元
吴（902—937）	杨行密	（4）	壬戌	902
	杨渥	（3）	丁卯	906
	杨隆演	（11）	己巳	909
		武义（3）	己卯	919
	杨溥	顺义（7）	辛巳	921
		乾贞（3）	丁亥	927
		大和（7）	己丑	929
		天祚（3）	乙未	935

国名	国君	年号 (使用年数)	元年	
			干支	公元
前蜀 (903—925)	王建	(5)	癸亥	903
		武成(3)	戊辰	908
		永平(5)	辛未	911
		通正(1)	丙子	916
		天汉(1)	丁丑	917
		光天(1)	戊寅	918
	王衍	乾德(7)	己卯	919
		咸康(1)	乙酉	925
吴越 (907—978)	钱镠	(1)	丁卯	907
		天宝(5)	戊辰	908
		(11)	癸酉	913
		宝大(2)	甲申	924
		宝正(7)	丙戌	926
	钱元瓘	(10)	壬辰	932
	钱弘佐	(6)	辛丑	941
	钱弘倧	(1)	丁未	947
	钱弘俶	(32)	戊申	948
楚 (907—951)	马殷	(24)	丁卯	907
	马希声	(3)	庚寅	930
	马希範	(15)	壬辰	932
	马希广	天福(4)	丁未	947
	马希萼	保大(2)	庚戌	950
闽 (909—945)	王审知	(17)	己巳	909
	王延翰	(1)	丙戌	926
	王延钧	(6)	丁亥	927
		龙启(2)	癸巳	933
		永和(1)	乙未	935
	王昶	通文(4)	丙申	936
	王曦	永隆(5)	己亥	939
	王延政	天德(3)	癸卯	943
南汉 (917—971)	刘䶮	乾亨(9)	丁丑	917
		白龙(4)	乙酉	925
		大有(15)	戊子	928
	刘玢	光天(2)	壬寅	942
	刘晟	应乾(1)	癸卯	943
		乾和(16)	癸卯	943
	刘铱	大宝(13)	戊午	958
荆南 (924—963)	高季兴	(5)	甲申	924
	高从诲	(20)	己丑	929
	高保融	(13)	戊申	948

国名	国君	年号 (使用年数)	元年	
			干支	公元
荆南 (924—963)	高保勖	(3)	庚申	960
	高继冲	(2)	壬戌	962
后蜀 (933—965)	孟知祥	(1)	癸巳	933
		明德(1)	甲午	934
		明德(4)	甲午	934
	孟昶	广政(28)	戊戌	938
南唐 (937—975)	李昪	昪元(7)	丁酉	937
	李璟	保大(15)	癸卯	943
		中兴(1)	戊午	958
		交泰(1)	戊午	958
	李煜	(15)	辛酉	961
北汉 (951—979)	刘旻	乾祐(4)	辛亥	951
	刘钧	乾祐(3)	甲寅	954
		天会(12)	丁巳	957
	刘继元	天会(6)	戊辰	968
		广运(6)	甲戌	974

注:闽943年王延政在建州称帝,国号殷,945年复国号闽。

宋(960—1279)

北宋(960—1127)

帝王	年号 (使用年数)	元年		帝王	年号 (使用年数)	元年	
		干支	公元			干支	公元
太祖(赵匡胤[yìn])	建隆(4)	庚申	960		庆历(8)	辛巳	1041
	乾德(6)	癸亥	963		皇祐(6)	己丑	1049
	开宝(9)	戊辰	968		至和(3)	甲午	1054
太宗(~炅[jiǒng],本名匡义,又名光义)	太平兴国(9)	丙子	976		嘉祐(8)	丙申	1056
	雍熙(4)	甲申	984	英宗(~曙)	治平(4)	甲辰	1064
	端拱(2)	戊子	988	神宗(~顼[xū])	熙宁(10)	戊申	1068
	淳化(5)	庚寅	990		元丰(8)	戊午	1078
	至道(3)	乙未	995	哲宗(~煦[xù])	元祐(9)	丙寅	1086
真宗(~恒)	咸平(6)	戊戌	998		绍圣(5)	甲戌	1094
	景德(4)	甲辰	1004		元符(3)	戊寅	1098
	大中祥符(9)	戊申	1008	徽宗(~佶[jí])	建中靖国(1)	辛巳	1101
	天禧[xī](5)	丁巳	1017		崇宁(5)	壬午	1102
	乾兴(1)	壬戌	1022		大观(4)	丁亥	1107
仁宗(~祯)	天圣(10)	癸亥	1023		政和(8)	辛卯	1111
	明道(2)	壬申	1032		重和(2)	戊戌	1118
	景祐(5)	甲戌	1034		宣和(7)	己亥	1119
	宝元(3)	戊寅	1038	钦宗(~桓[huán])	靖康(2)	丙午	1126
	康定(2)	庚辰	1040				

南宋(1127—1279)

帝王	年号(使用年数)	元年 干支	元年 公元	帝王	年号(使用年数)	元年 干支	元年 公元
高宗(赵构)	建炎(4)	丁未	1127		绍定(6)	戊子	1228
	绍兴(32)	辛亥	1131		端平(3)	甲午	1234
孝宗(~昚[shèn])	隆兴(2)	癸未	1163		嘉熙(4)	丁酉	1237
	乾道(9)	乙酉	1165		淳祐(12)	辛丑	1241
	淳熙(16)	甲午	1174		宝祐(6)	癸丑	1253
光宗(~惇[dūn])	绍熙(5)	庚戌	1190		开庆(1)	己未	1259
宁宗(~扩)	庆元(6)	乙卯	1195		景定(5)	庚申	1260
	嘉泰(4)	辛酉	1201	度宗(~禥[qí])	咸淳(10)	乙丑	1265
	开禧(3)	乙丑	1205	恭帝(~㬎[xiǎn])	德祐(2)	乙亥	1275
	嘉定(17)	戊辰	1208	端宗(~昰[shì])	景炎(3)	丙子	1276
理宗(~昀[yún])	宝庆(3)	乙酉	1225	帝昺(~昺[bǐng])	祥兴(2)	戊寅	1278

辽[耶律氏](907—1125)①

帝王	年号(使用年数)	元年 干支	元年 公元	帝王	年号(使用年数)	元年 干支	元年 公元
太祖(耶律阿保机)	(10)	丁卯	907		开泰(10)	壬子	1012
	神册(7)	丙子	916		太平(11)	辛酉	1021
	天赞(5)	壬午	922	兴宗(~宗真)	景福(2)	辛未	1031
	天显(13)	丙戌	926		重熙(24)	壬申	1032
太宗(~德光)	天显②	丁亥	927	道宗(~洪基)	清宁(10)	乙未	1055
	会同(10)	戊戌	938		咸雍(10)	乙巳	1065
	大同(1)	丁未	947		大(太)康(10)	乙卯	1075
世宗(~阮[ruǎn])	天禄(5)	丁未	947		大安(10)	乙丑	1085
穆宗(~璟[jǐng])	应历(19)	辛亥	951		寿昌(隆)(7)	乙亥	1095
景宗(~贤)	保宁(11)	己巳	969	天祚[zuò]帝(~延禧)	乾统(10)	辛巳	1101
	乾亨(5)	己卯	979		天庆(10)	辛卯	1111
圣宗(~隆绪)	乾亨	壬午	982		保大(5)	辛丑	1121
	统和(30)	癸未	983				

注:①916年,契丹主耶律阿保机称帝,建元神册,是为太祖。938年(一说947年)改国号为辽,983年复称契丹,1066年仍称辽。

②太宗即位未改元。

西夏（1038—1227）

帝王	年号（使用年数）	元年 干支	元年 公元	帝王	年号（使用年数）	元年 干支	元年 公元
景宗（嵬名元昊）	显道(3)	壬申	1032		天祐民安(8)	庚午	1090
	开运(1)	甲戌	1034		永安(3)	戊寅	1098
	广运(3)	甲戌	1034		贞观(13)	辛巳	1101
	大庆(3)	丙子	1036		雍宁(5)	甲午	1114
	天授礼法	戊寅	1038		元德(9)	己亥	1119
	延祚(11)				正德(8)	丁未	1127
毅宗（～谅诈）	延嗣宁国(1)	己丑	1049		大德(5)	乙卯	1135
	天祐垂圣(3)	庚寅	1050	仁宗（～仁孝）	大庆(4)	庚申	1140
	福圣承道(4)	癸巳	1053		人庆(5)	甲子	1144
	奲都(6)	丁酉	1057		天盛(21)	己巳	1149
	拱化(4)	癸卯	1063		乾佑(24)	庚寅	1170
惠宗（～秉常）	乾道(2)	丁未	1067	桓宗（～纯祐）	天庆(12)	甲寅	1194
	天赐礼盛	己酉	1069	襄宗（～安全）	应天(4)	丙寅	1206
	国庆(6)				皇建(2)	庚午	1210
	大安(11)	乙卯	1075	神宗（～遵顼）	光定(13)	辛未	1211
	天安礼定(1)	丙寅	1086	献宗（～德旺）	乾定(4)	癸未	1223
崇宗（～乾顺）	天仪治平(4)	丙寅	1086	末主（～睍）	宝义(2)	丙戌	1226

注：唐赐姓李；宋赐姓赵；北宋明道元年（1032年）元昊改唐、宋所赐姓为嵬名氏，自称兀卒。1038年，元昊称帝，国号大夏，史称西夏。

金［完颜氏］（1115—1234）

帝王	年号（使用年数）	元年 干支	元年 公元	帝王	年号（使用年数）	元年 干支	元年 公元
太祖（完颜旻[mín]，本名阿骨打）	收国(2)	乙未	1115		承安(5)	丙辰	1196
	天辅(7)	丁酉	1117		泰和(8)	辛酉	1201
太宗（～晟[shèng]）	天会(15)	癸卯	1123	卫绍王（～永济）	大安(3)	己巳	1209
熙宗（～亶[dǎn]）	天会①	乙卯	1135		崇庆(2)	壬申	1212
	天眷(3)	戊午	1138		至宁(1)	癸酉	1213
	皇统(9)	辛酉	1141	宣宗（～珣[xún]）	贞祐(5)	癸酉	1213
海陵王（～亮）	天德(5)	己巳	1149		兴定(6)	丁丑	1217
	贞元(4)	癸酉	1153		元光(2)	壬午	1222
	正隆(6)	丙子	1156	哀宗（～守绪）	正大(9)	甲申	1224
世宗（～雍）	大定(29)	辛巳	1161		开兴(1)	壬辰	1232
章宗（～璟[jǐng]）	明昌(7)	庚戌	1190		天兴(3)	壬辰	1232

①熙宗即位未改元。

元 [孛儿只斤氏] (1206—1368)①

帝王	年号 (使用年数)	元年 干支	元年 公元	帝王	年号 (使用年数)	元年 干支	元年 公元
太祖(孛儿只斤铁木真)(成吉思汗)	一(22)	丙寅	1206	英宗(～硕德八剌)	至治(3)	辛酉	1321
				泰定帝(～也孙铁木儿)	泰定(5)	甲子	1324
拖雷(监国)	一(1)	戊子	1228		致和(1)	戊辰	1328
太宗(～窝阔台)	一(13)	己丑	1229	天顺帝(～阿速吉八)	天顺(1)	戊辰	1328
乃马真后(称制)	一(5)	壬寅	1242	文宗(～图帖睦尔)	天历(3)	戊辰	1328
定宗(～贵由)	一(3)	丙午	1246	明宗②(～和世㻋[là])		己巳	1329
海迷失后(称制)	一(3)	己酉	1249		至顺(4)	庚午	1330
宪宗(～蒙哥)	一(9)	辛亥	1251	宁宗(～懿[yì]璘[lín]质班)	至顺	壬申	1332
世祖(～忽必烈)	中统(5)	庚申	1260		至顺	癸酉	1333
	至元(31)	甲子	1264	顺帝(～妥懽帖睦尔)	元统(3)	癸酉	1333
成宗(～铁穆耳)	元贞(3)	乙未	1295		(后)至元(6)	乙亥	1335
	大德(11)	丁酉	1297		至正(28)	辛巳	1341
武宗(～海山)	至大(4)	戊申	1308				
仁宗(～爱育黎拔力八达)	皇庆(2)	壬子	1312				
	延祐(7)	甲寅	1314				

注:①孛儿只斤铁木真于 1206 年建国;1271 年忽必烈定国号为元,1279 年灭南宋。
②明宗于己巳年(1329 年)正月即位,以文宗为皇太子。八月明宗暴死,文宗即位。

明 (1368—1644)

帝王	年号 (使用年数)	元年 干支	元年 公元	帝王	年号 (使用年数)	元年 干支	元年 公元
太祖(朱元璋)	洪武(31)	戊申	1368	孝宗(～祐樘[chēng])	弘治(18)	戊申	1488
惠帝(～允炆[wén])	建文(4)	己卯	1399	武宗(～厚照)	正德(16)	丙寅	1506
成祖(～棣[dì])	永乐(22)	癸未	1403	世宗(～厚熜[cōng])	嘉靖(45)	壬午	1522
仁宗(～高炽[chì])	洪熙(1)	乙巳	1425	穆宗(～载垕[hòu])	隆庆(6)	丁卯	1567
宣宗(～瞻基)	宣德(10)	丙午	1426	神宗(～翊[yì]钧)	万历(48)	癸酉	1573
英宗(～祁镇)	正统(14)	丙辰	1436	光宗(～常洛)	泰昌(1)	庚申	1620
代宗(～祁钰[yù])(景帝)	景泰(8)	庚午	1450	熹[xī]宗(～由校)	天启(7)	辛酉	1621
英宗(～祁镇)	天顺(8)	丁丑	1457	思宗(～由检)	崇祯(17)	戊辰	1628
宪宗(～见深)	成化(23)	乙酉	1465				

注:建文 4 年时成祖废除建文年号,改为洪武 35 年。

清[爱新觉罗氏](1616—1911)

帝王	年号(使用年数)	元年		帝王	年号(使用年数)	元年	
		干支	公元			干支	公元
太祖(爱新觉罗·努尔哈赤)	天命(11)	丙辰	1616	仁宗(～颙[yóng]琰[yǎn])	嘉庆(25)	丙辰	1796
太宗(～皇太极)	天聪(10)	丁卯	1627	宣宗(～旻[mín]宁)	道光(30)	辛巳	1821
	崇德(8)	丙子	1636	文宗(～奕[yì]詝[zhù])	咸丰(11)	辛亥	1851
世祖(～福临)	顺治(18)	甲申	1644				
圣祖(～玄烨[yè])	康熙(61)	壬寅	1662	穆宗(～载淳)	同治(13)	壬戌	1862
世宗(～胤[yìn]禛[zhēn])	雍正(13)	癸卯	1723	德宗(～载湉[tián])	光绪(34)	乙亥	1875
高宗(～弘历)	乾隆(60)	丙辰	1736	～溥[pǔ]仪	宣统(3)	己酉	1909

注：清建国于1616年，初称后金，1636年始改国号为清，1644年入关。

中华民国(1912—1949)

中华人民共和国(1949年10月1日成立)

(二)中国历史朝代公元对照表

朝代(国号)		起讫年代	第一代帝王姓名	帝号或庙号	国都所在地	名号年号	干支
夏		约前2070—前1600	启		帝丘、安邑(今山西夏县西北)等地	王公名号	
商		前1600—前1046	汤		亳(今河南商丘北)殷(今河南安阳)等地	王公名号	
周	西周	前1046—前771	姬发	(武王)	镐京(今西安西南)	王公名号	乙未
	东周	前770—前256	姬宜臼	(平王)	洛邑(今洛阳)	王公名号	辛未
	(春秋)	前770—前476				王公名号	
	(战国)	前475—前221				王公名号	
秦		前221—前206	嬴政	(始皇)	咸阳(今陕西咸阳东北)	王公名号	乙卯
汉	西汉	前206—公元25	刘邦	高祖	长安(今西安)	年号纪年	乙未
	东汉	25—220	刘秀	光武	洛阳	建武	乙酉
三国	魏	220—265	曹丕	文帝	洛阳	黄初	庚子
	蜀汉	221—263	刘备	昭烈	成都	章武	辛丑
	吴	222—280	孙权	大帝	建业(今南京)	黄武	壬寅
西晋		265—317	司马炎	武帝	洛阳	泰始	乙酉
东晋十六国	东晋	317—420	司马睿	元帝	建康(今南京)	建武	丁丑
	十六国	304—439年汉(前赵)、成(成汉)、前凉、后赵、前燕、前秦、后燕、后秦、西秦、后凉、南凉、北凉、南燕、西凉、北燕、夏					
南北朝	南朝 宋	420—479	刘裕	武帝	建康(今南京)	永初	庚申
	齐	479—502	萧道成	高帝	建康(今南京)	建元	己未
	梁	502—557	萧衍	武帝	建康(今南京)	天监	壬午
	陈	557—589	陈霸先	武帝	建康(今南京)	永定	丁丑

朝代(国号)			起迄年代	第一代帝王姓名	帝号或庙号	国都所在地	名号年号	干支
南北朝	北朝	北魏	386—534	拓跋珪	道武帝	平城(今大同),493年迁都洛阳	登国	丙戌
		东魏	534—550	元善见	孝静帝	邺(今河北临漳县南近漳河)	天平	甲寅
		北齐	550—577	高洋	文宣帝	邺(今河北临漳县南近漳河)	天保	庚午
		西魏	535—556	元宝炬	文帝	长安(今西安)	大统	乙卯
		北周	557—581	宇文觉	孝闵帝	长安(今西安)		丁丑
隋			581—618	杨坚	文帝	大兴(今西安)	开皇	辛丑
唐			618—907	李渊	高祖	长安(今西安)	武德	戊寅
五代十国		后梁	907—923	朱晃	太祖	汴(今开封)	开平	丁卯
		后唐	923—936	李存勖	庄宗	洛阳	同光	癸未
		后晋	936—947	石敬瑭	高祖	汴(今开封)	天福	丙申
		后汉	947—950	刘知远	高祖	汴(今开封)	天福	丁未
		后周	951—960	郭威	太祖	汴(今开封)	广顺	辛亥
		十国	902—979	吴、南唐、吴越、楚、闽、南汉、前蜀、后蜀、荆南(南平)、北汉				
宋	北宋		960—1127	赵匡胤	太祖	开封	建隆	庚申
	南宋		1127—1279	赵构	高宗	临安(今杭州)	建炎	丁未
辽			907—1125	耶律阿保机	太祖	上京(今内蒙古巴林左旗附近)	神册	丙子
西夏			1032—1227	李元昊	景宗	兴庆府(今银川)	显道	壬申
金			1115—1234	完颜阿骨打	太祖	会宁府(黑龙江阿城附近),后迁中都(今北京)	收国	乙未
元			1260—1368	忽必烈	世祖	大都(今北京)	至元	甲子
明			1368—1644	朱元璋	太祖	应天(今南京),1421年迁北京	洪武	戊申
清			1616—1911	爱新觉罗·努尔哈赤	太祖	北京	天命	丙辰
中华民国			1912—1949(10月前)	1912年,孙中山选为临时大总统,定都南京;袁世凯窃国,移都北京;1927蒋介石上台,以南京为首都,抗战时迁都重庆,称陪都,抗战胜利迁回南京				

(三)近二百年中西纪年对照表

公历	年　　号	农　　历	属相	公历	年　　号	农　　历	属相
1801	嘉庆六年	辛酉	鸡	1839	道光十九年	己亥	猪
1802	嘉庆七年	壬戌	狗	1840	道光二十年	庚子	鼠
1803	嘉庆八年	癸亥(闰二月)	猪	1841	道光二十一年	辛丑(闰三月)	牛
1804	嘉庆九年	甲子	鼠	1842	道光二十二年	壬寅	虎
1805	嘉庆十年	乙丑(闰六月)	牛	1843	道光二十三年	癸卯(闰七月)	兔
1806	嘉庆十一年	丙寅	虎	1844	道光二十四年	甲辰	龙
1807	嘉庆十二年	丁卯	兔	1845	道光二十五年	乙巳	蛇
1808	嘉庆十三年	戊辰(闰五月)	龙	1846	道光二十六年	丙午(闰五月)	马
1809	嘉庆十四年	己巳	蛇	1847	道光二十七年	丁未	羊
1810	嘉庆十五年	庚午	马	1848	道光二十八年	戊申	猴
1811	嘉庆十六年	辛未(闰三月)	羊	1849	道光二十九年	己酉(闰四月)	鸡
1812	嘉庆十七年	壬申	猴	1850	道光三十年	庚戌	狗
1813	嘉庆十八年	癸酉	鸡	1851	咸丰元年	辛亥(闰八月)	猪
1814	嘉庆十九年	甲戌(闰二月)	狗	1852	咸丰二年	壬子	鼠
1815	嘉庆二十年	乙亥	猪	1853	咸丰三年	癸丑	牛
1816	嘉庆二十一年	丙子(闰六月)	鼠	1854	咸丰四年	甲寅(闰七月)	虎
1817	嘉庆二十二年	丁丑	牛	1855	咸丰五年	乙卯	兔
1818	嘉庆二十三年	戊寅	虎	1856	咸丰六年	丙辰	龙
1819	嘉庆二十四年	己卯(闰四月)	兔	1857	咸丰七年	丁巳(闰五月)	蛇
1820	嘉庆二十五年	庚辰	龙	1858	咸丰八年	戊午	马
1821	道光元年	辛巳	蛇	1859	咸丰九年	己未	羊
1822	道光二年	壬午(闰三月)	马	1860	咸丰十年	庚申(闰三月)	猴
1823	道光三年	癸未	羊	1861	咸丰十一年	辛酉	鸡
1824	道光四年	甲申(闰七月)	猴	1862	同治元年	壬戌(闰八月)	狗
1825	道光五年	乙酉	鸡	1863	同治二年	癸亥	猪
1826	道光六年	丙戌	狗	1864	同治三年	甲子	鼠
1827	道光七年	丁亥(闰五月)	猪	1865	同治四年	乙丑(闰五月)	牛
1828	道光八年	戊子	鼠	1866	同治五年	丙寅	虎
1829	道光九年	己丑	牛	1867	同治六年	丁卯	兔
1830	道光十年	庚寅(闰四月)	虎	1868	同治七年	戊辰(闰四月)	龙
1831	道光十一年	辛卯	兔	1869	同治八年	己巳	蛇
1832	道光十二年	壬辰(闰九月)	龙	1870	同治九年	庚午(闰十月)	马
1833	道光十三年	癸巳	蛇	1871	同治十年	辛未	羊
1834	道光十四年	甲午	马	1872	同治十一年	壬申	猴
1835	道光十五年	乙未(闰六月)	羊	1873	同治十二年	癸酉(闰六月)	鸡
1836	道光十六年	丙申	猴	1874	同治十三年	甲戌	狗
1837	道光十七年	丁酉	鸡	1875	光绪元年	乙亥	猪
1838	道光十八年	戊戌(闰四月)	狗	1876	光绪二年	丙子(闰五月)	鼠

八、附录

167

公历	年　号	农　历	属相	公历	年　号	农　历	属相
1877	光绪三年	丁丑	牛	1896	光绪二十二年	丙申	猴
1878	光绪四年	戊寅	虎	1897	光绪二十三年	丁酉	鸡
1879	光绪五年	己卯(闰三月)	兔	1898	光绪二十四年	戊戌(闰三月)	狗
1880	光绪六年	庚辰	龙	1899	光绪二十五年	己亥	猪
1881	光绪七年	辛巳(闰七月)	蛇	1900	光绪二十六年	庚子(闰八月)	鼠
1882	光绪八年	壬午	马	1901	光绪二十七年	辛丑	牛
1883	光绪九年	癸未	羊	1902	光绪二十八年	壬寅	虎
1884	光绪十年	甲申(闰五月)	猴	1903	光绪二十九年	癸卯(闰五月)	兔
1885	光绪十一年	乙酉	鸡	1904	光绪三十年	甲辰	龙
1886	光绪十二年	丙戌	狗	1905	光绪三十一年	乙巳	蛇
1887	光绪十三年	丁亥(闰四月)	猪	1906	光绪三十二年	丙午(闰四月)	马
1888	光绪十四年	戊子	鼠	1907	光绪三十三年	丁未	羊
1889	光绪十五年	己丑	牛	1908	光绪三十四年	戊申	猴
1890	光绪十六年	庚寅(闰二月)	虎	1909	宣统元年	己酉(闰二月)	鸡
1891	光绪十七年	辛卯	兔	1910	宣统二年	庚戌	狗
1892	光绪十八年	壬辰(闰六月)	龙	1911	宣统三年	辛亥(闰六月)	猪
1893	光绪十九年	癸巳	蛇	1912—1949 年 9 月 30 日为中华民国			
1894	光绪二十年	甲午	马				
1895	光绪二十一年	乙未(闰五月)	羊	1949 年 10 月 1 日中华人民共和国成立			

(四)2023—2030 年历表

公元 2023 年

农历　壬寅(虎)年　　　太岁贺谔　九星五黄
　　　癸卯(兔)年(闰二月)　太岁皮时　九星四绿

公历	1月 星期	农历	干支	星宿	五行	2月 星期	农历	干支	星宿	五行	3月 星期	农历	干支	星宿	五行	4月 星期	农历	干支	星宿	五行
1	日	初十	己未	昴	危火	三	十一	庚寅	参	除木	三	初十	戊午	参	定火	六	十一	己丑	柳	开火
2	一	十一	庚申	毕	成木	四	十二	辛卯	井	满木	四	十一	己未	井	执火	日	十二	庚寅	星	闭木
3	二	十二	辛酉	觜	收木	五	十三	壬辰	鬼	平水	五	十二	庚申	鬼	破金	一	十三	辛卯	张	建木
4	三	十三	壬戌	参	开水	六	十四	癸巳	柳	平水	六	十三	辛酉	柳	危木	二	十四	壬辰	翼	除水
5	四	十四	癸亥	井	开水	日	十五	甲午	星	定金	日	十四	壬戌	星	成水	三	十五	癸巳	轸	除水
6	五	十五	甲子	鬼	闭金	一	十六	乙未	张	执金	一	十五	癸亥	张	成水	四	十六	甲午	角	满金
7	六	十六	乙丑	柳	建金	二	十七	丙申	翼	破火	二	十六	甲子	翼	收金	五	十七	乙未	亢	平金
8	日	十七	丙寅	星	除火	三	十八	丁酉	轸	危火	三	十七	乙丑	轸	开金	六	十八	丙申	氐	定火
9	一	十八	丁卯	张	满火	四	十九	戊戌	角	成木	四	十八	丙寅	角	闭火	日	十九	丁酉	房	执火
10	二	十九	戊辰	翼	平木	五	二十	己亥	亢	收木	五	十九	丁卯	亢	建火	一	二十	戊戌	心	破木
11	三	二十	己巳	轸	定木	六	廿一	庚子	氐	开土	六	二十	戊辰	氐	除木	二	廿一	己亥	尾	危木
12	四	廿一	庚午	角	执土	日	廿二	辛丑	房	闭土	日	廿一	己巳	房	满木	三	廿二	庚子	箕	成土
13	五	廿二	辛未	亢	破土	一	廿三	壬寅	心	建金	一	廿二	庚午	心	平土	四	廿三	辛丑	斗	收土
14	六	廿三	壬申	氐	危金	二	廿四	癸卯	尾	除金	二	廿三	辛未	尾	定土	五	廿四	壬寅	牛	开金
15	日	廿四	癸酉	房	成金	三	廿五	甲辰	箕	满火	三	廿四	壬申	箕	执金	六	廿五	癸卯	女	闭金
16	一	廿五	甲戌	心	收火	四	廿六	乙巳	斗	平火	四	廿五	癸酉	斗	破金	日	廿六	甲辰	虚	建火
17	二	廿六	乙亥	尾	开火	五	廿七	丙午	牛	定水	五	廿六	甲戌	牛	危火	一	廿七	乙巳	危	除火
18	三	廿七	丙子	箕	闭水	六	廿八	丁未	女	执水	六	廿七	乙亥	女	成火	二	廿八	丙午	室	满水
19	四	廿八	丁丑	斗	建水	日	廿九	戊申	虚	破土	日	廿八	丙子	虚	收水	三	廿九	丁未	壁	平水
20	五	廿九	戊寅	牛	除土	一	二月	己酉	危	危土	一	廿九	丁丑	危	开水	四	三月	戊申	奎	定土
21	六	三十	己卯	女	满土	二	初二	庚戌	室	成金	二	三十	戊寅	室	闭土	五	初二	己酉	娄	执土
22	日	正月	庚辰	虚	平金	三	初三	辛亥	壁	收金	三	闰二月	己卯	壁	建土	六	初三	庚戌	胃	破金
23	一	初二	辛巳	危	定金	四	初四	壬子	奎	开木	四	初二	庚辰	奎	除金	日	初四	辛亥	昴	危金
24	二	初三	壬午	室	执木	五	初五	癸丑	娄	闭木	五	初三	辛巳	娄	满金	一	初五	壬子	毕	成木
25	三	初四	癸未	壁	破木	六	初六	甲寅	胃	建水	六	初四	壬午	胃	平木	二	初六	癸丑	觜	收木
26	四	初五	甲申	奎	危水	日	初七	乙卯	昴	除水	日	初五	癸未	昴	定木	三	初七	甲寅	参	开水
27	五	初六	乙酉	娄	成水	一	初八	丙辰	毕	满土	一	初六	甲申	毕	执水	四	初八	乙卯	井	闭水
28	六	初七	丙戌	胃	收土	二	初九	丁巳	觜	平土	二	初七	乙酉	觜	破水	五	初九	丙辰	鬼	建土
29	日	初八	丁亥	昴	开土						三	初八	丙戌	参	危土	六	初十	丁巳	柳	除土
30	一	初九	戊子	毕	闭火						四	初九	丁亥	井	成土	日	十一	戊午	星	满火
31	二	初十	己丑	觜	建火						五	初十	戊子	鬼	收火					

节气	1月	2月	3月	4月
	小寒:5日夜子时	立春:4日巳时	惊蛰:6日寅时	清明:5日巳时
	大寒:20日申时	雨水:19日卯时	春分:21日卯时	谷雨:20日申时

月干支:正月甲寅　二月乙卯　闰二月乙卯　三月丙辰

公元 2023 年

农历 癸卯(兔)年(闰二月) 太岁皮时 九星四绿

公历	5月 星期	农历	干支	星宿	五行	6月 星期	农历	干支	星宿	五行	7月 星期	农历	干支	星宿	五行	8月 星期	农历	干支	星宿	五行
1	一	十二	己未	张	平火	四	十四	庚寅	角	收木	六	十四	庚申	氐	满木	二	廿五	辛卯	尾	成木
2	二	十三	庚申	翼	定木	五	十五	辛酉	亢	开木	日	十五	辛酉	房	平木	三	廿六	壬辰	箕	收水
3	三	十四	辛酉	轸	执木	六	十六	壬戌	氐	闭水	一	十六	壬戌	心	定水	四	廿七	癸巳	斗	开水
4	四	十五	壬戌	角	破水	日	十七	癸亥	房	建水	二	十七	癸亥	尾	执水	五	廿八	甲午	牛	闭金
5	五	十六	癸亥	亢	危水	一	十八	甲午	心	除金	三	十八	甲子	箕	破金	六	廿九	乙未	女	建金
6	六	十七	甲子	氐	危金	二	十九	乙未	尾	除金	四	十九	乙丑	斗	危金	日	二十	丙申	虚	除火
7	日	十八	乙丑	房	成金	三	二十	丙申	箕	满火	五	二十	丙寅	牛	危火	一	廿一	丁酉	危	满火
8	一	十九	丙寅	心	收火	四	廿一	丁酉	斗	平火	六	廿一	丁卯	女	成火	二	廿二	戊戌	室	满木
9	二	二十	丁卯	尾	开火	五	廿二	戊戌	牛	定木	日	廿二	戊辰	虚	收木	三	廿三	己亥	壁	平木
10	三	廿一	戊辰	箕	闭木	六	廿三	己亥	女	执木	一	廿三	己巳	危	开木	四	廿四	庚子	奎	定土
11	四	廿二	己巳	斗	建木	日	廿四	庚子	虚	破土	二	廿四	庚午	室	闭土	五	廿五	辛丑	娄	执土
12	五	廿三	庚午	牛	除土	一	廿五	辛丑	危	危土	三	廿五	辛未	壁	建土	六	廿六	壬寅	胃	破金
13	六	廿四	辛未	女	满土	二	廿六	壬寅	室	成金	四	廿六	壬申	奎	除金	日	廿七	癸卯	昴	危金
14	日	廿五	壬申	虚	平金	三	廿七	癸卯	壁	收金	五	廿七	癸酉	娄	满金	一	廿八	甲辰	毕	成火
15	一	廿六	癸酉	危	定金	四	廿八	甲辰	奎	开火	六	廿八	甲戌	胃	平火	二	廿九	乙巳	觜	收火
16	二	廿七	甲戌	室	执火	五	廿九	乙巳	娄	闭火	日	廿九	乙亥	昴	定水	三	七月	丙午	参	开水
17	三	廿八	乙亥	壁	破火	六	三十	丙午	胃	建水	一	三十	丙子	毕	执水	四	初二	丁未	井	闭水
18	四	廿九	丙子	奎	危水	日	五月	丁未	昴	除土	二	六月	丁丑	觜	破水	五	初三	戊申	鬼	建土
19	五	四月	丁丑	娄	成水	一	初二	戊申	毕	满土	三	初二	戊寅	参	危土	六	初四	己酉	柳	除土
20	六	初二	戊寅	胃	收土	二	初三	己酉	觜	平土	四	初三	己卯	井	成土	日	初五	庚戌	星	满金
21	日	初三	己卯	昴	开土	三	初四	庚戌	参	定金	五	初四	庚辰	鬼	收金	一	初六	辛亥	张	平金
22	一	初四	庚辰	毕	闭金	四	初五	辛亥	井	执金	六	初五	辛巳	柳	开金	二	初七	壬子	翼	定木
23	二	初五	辛巳	觜	建金	五	初六	壬子	鬼	破木	日	初六	壬午	星	闭木	三	初八	癸丑	轸	执木
24	三	初六	壬午	参	除木	六	初七	癸丑	柳	危木	一	初七	癸未	张	建木	四	初九	甲寅	角	破木
25	四	初七	癸未	井	满木	日	初八	甲寅	星	成水	二	初八	甲申	翼	除木	五	初十	乙卯	亢	危火
26	五	初八	甲申	鬼	平水	一	初九	乙卯	张	收水	三	初九	乙酉	轸	满水	六	十一	丙辰	氐	成土
27	六	初九	乙酉	柳	定水	二	初十	丙辰	翼	开土	四	初十	丙戌	角	平土	日	十二	丁巳	房	收土
28	日	初十	丙戌	星	执土	三	十一	丁巳	轸	闭土	五	十一	丁亥	亢	定土	一	十三	戊午	心	开火
29	一	十一	丁亥	张	破土	四	十二	戊午	角	建火	六	十二	戊子	氐	执火	二	十四	己未	尾	闭火
30	二	十二	戊子	翼	危火	五	十三	己未	亢	除火	日	十三	己丑	房	破火	三	十五	庚申	箕	建木
31	三	十三	己丑	轸	成火						一	十四	庚寅	心	危木	四	十六	辛酉	斗	除木

节气	立夏:6日丑时 小满:21日申时	芒种:6日卯时 夏至:21日亥时	小暑:7日申时 大暑:23日巳时	立秋:8日丑时 处暑:23日酉时

月干支:四月丁巳 五月戊午 六月己未 七月庚申

公元 2023 年

农历 癸卯(兔)年(闰二月) 太岁皮时 九星四绿

公历	9月 星期	农历	干支	星宿	五行	10月 星期	农历	干支	星宿	五行	11月 星期	农历	干支	星宿	五行	12月 星期	农历	干支	星宿	五行
1	五	十七	壬戌	牛	满水	日	十七	壬辰	虚	危水	三	十八	癸亥	壁	除水	五	十九	癸巳	娄	破水
2	六	十八	癸亥	女	平水	一	十八	癸巳	危	成水	四	十九	甲子	奎	满金	六	二十	甲午	胃	危金
3	日	十九	甲子	虚	定金	二	十九	甲午	室	收金	五	二十	乙丑	娄	平金	日	廿一	乙未	昴	成金
4	一	二十	乙丑	危	执金	三	二十	乙未	壁	开金	六	廿一	丙寅	胃	定火	一	廿二	丙申	毕	收火
5	二	廿一	丙寅	室	破火	四	廿一	丙申	奎	闭火	日	廿二	丁卯	昴	执火	二	廿三	丁酉	觜	开火
6	三	廿二	丁卯	壁	危火	五	廿二	丁酉	娄	建火	一	廿三	戊辰	毕	破木	三	廿四	戊戌	参	闭木
7	四	廿三	戊辰	奎	成木	六	廿三	戊戌	胃	除木	二	廿四	己巳	觜	危木	四	廿五	己亥	井	闭木
8	五	廿四	己巳	娄	成木	日	廿四	己亥	昴	除木	三	廿五	庚午	参	危土	五	廿六	庚子	鬼	建土
9	六	廿五	庚午	胃	收土	一	廿五	庚子	毕	满土	四	廿六	辛未	井	成土	六	廿七	辛丑	柳	除土
10	日	廿六	辛未	昴	开土	二	廿六	辛丑	觜	平土	五	廿七	壬申	鬼	收金	日	廿八	壬寅	星	满金
11	一	廿七	壬申	毕	闭金	三	廿七	壬寅	参	定金	六	廿八	癸酉	柳	开金	一	廿九	癸卯	张	平金
12	二	廿八	癸酉	觜	建金	四	廿八	癸卯	井	执金	日	廿九	甲戌	星	闭火	二	三十	甲辰	翼	定火
13	三	廿九	甲戌	参	除火	五	廿九	甲辰	鬼	破火	一	十月	乙亥	张	建水	三	十一	乙巳	轸	执火
14	四	三十	乙亥	井	满火	六	三十	乙巳	柳	危火	二	初二	丙子	翼	除水	四	初二	丙午	角	破水
15	五	八月	丙子	鬼	平水	日	九月	丙午	星	成水	三	初三	丁丑	轸	满水	五	初三	丁未	亢	危水
16	六	初二	丁丑	柳	定水	一	初二	丁未	张	收水	四	初四	戊寅	角	平土	六	初四	戊申	氐	成土
17	日	初三	戊寅	星	执土	二	初三	戊申	翼	开土	五	初五	己卯	亢	定土	日	初五	己酉	房	收土
18	一	初四	己卯	张	破土	三	初四	己酉	轸	闭土	六	初六	庚辰	氐	执金	一	初六	庚戌	心	开金
19	二	初五	庚辰	翼	危金	四	初五	庚戌	角	建金	日	初七	辛巳	房	破金	二	初七	辛亥	尾	闭金
20	三	初六	辛巳	轸	成金	五	初六	辛亥	亢	除金	一	初八	壬午	心	危木	三	初八	壬子	箕	建木
21	四	初七	壬午	角	收木	六	初七	壬子	氐	满木	二	初九	癸未	尾	成木	四	初九	癸丑	斗	除木
22	五	初八	癸未	亢	开木	日	初八	癸丑	房	平木	三	初十	甲申	箕	收水	五	初十	甲寅	牛	满水
23	六	初九	甲申	氐	闭水	一	初九	甲寅	心	定水	四	十一	乙酉	斗	开水	六	十一	乙卯	女	平水
24	日	初十	乙酉	房	建水	二	初十	乙卯	尾	执水	五	十二	丙戌	牛	闭土	日	十二	丙辰	虚	定土
25	一	十一	丙戌	心	除土	三	十一	丙辰	箕	破土	六	十三	丁亥	女	建土	一	十三	丁巳	危	执土
26	二	十二	丁亥	尾	满土	四	十二	丁巳	斗	危土	日	十四	戊子	虚	除火	二	十四	戊午	室	破火
27	三	十三	戊子	箕	平火	五	十三	戊午	牛	成火	一	十五	己丑	危	满火	三	十五	己未	壁	危火
28	四	十四	己丑	斗	定火	六	十四	己未	女	收火	二	十六	庚寅	室	平木	四	十六	庚申	奎	成木
29	五	十五	庚寅	牛	执木	日	十五	庚申	虚	开木	三	十七	辛卯	壁	定木	五	十七	辛酉	娄	收木
30	六	十六	辛卯	女	破木	一	十六	辛酉	危	闭木	四	十八	壬辰	奎	执水	六	十八	壬戌	胃	开水
31						二	十七	壬戌	室	建水						日	十九	癸亥	昴	闭水

节气	白露:8日卯时　秋分:23日未时	寒露:8日亥时　霜降:24日子时	立冬:8日子时　小雪:22日亥时	大雪:7日酉时　冬至:22日午时

月干支:八月辛酉　九月壬戌　十月癸亥　十一月甲子

八、附录

公元 2024 年

农历 癸卯(兔)年 太岁皮起 九星四绿
甲辰(龙)年 太岁李成 九星三碧

公历	1 月 星期	农历	干支	星宿	五行	2 月 星期	农历	干支	星宿	五行	3 月 星期	农历	干支	星宿	五行	4 月 星期	农历	干支	星宿	五行
1	一	二十	甲子	毕	建金	四	廿二	乙未	井	破金	五	廿一	甲子	鬼	开金	一	廿三	乙未	张	定金
2	二	廿一	乙丑	觜	除金	五	廿三	丙申	鬼	危火	六	廿二	乙丑	柳	闭金	二	廿四	丙申	翼	执火
3	三	廿二	丙寅	参	满火	六	廿四	丁酉	柳	成火	日	廿三	丙寅	星	建火	三	廿五	丁酉	轸	破火
4	四	廿三	丁卯	井	平火	日	廿五	戊戌	星	成木	一	廿四	丁卯	张	除火	四	廿六	戊戌	角	破木
5	五	廿四	戊辰	鬼	定木	一	廿六	己亥	张	收木	二	廿五	戊辰	翼	除木	五	廿七	己亥	亢	危木
6	六	廿五	己巳	柳	定木	二	廿七	庚子	翼	开土	三	廿六	己巳	轸	满木	六	廿八	庚子	氐	成土
7	日	廿六	庚午	星	执土	三	廿八	辛丑	轸	平土	四	廿七	庚午	角	平土	日	廿九	辛丑	房	收土
8	一	廿七	辛未	张	破金	四	廿九	壬寅	角	建金	五	廿八	辛未	亢	定土	一	三十	壬寅	心	开金
9	二	廿八	壬申	翼	危金	五	三十	癸卯	亢	除金	六	廿九	壬申	氐	执金	二	三月	癸卯	尾	闭金
10	三	廿九	癸酉	轸	成金	六	正月	甲辰	氐	满火	日	二月	癸酉	房	破金	三	初二	甲辰	箕	建火
11	四	十二	甲戌	角	收火	日	初二	乙巳	房	平火	一	初二	甲戌	心	危火	四	初三	乙巳	斗	除火
12	五	初二	乙亥	亢	开火	一	初三	丙午	心	定水	二	初三	乙亥	尾	成火	五	初四	丙午	牛	满水
13	六	初三	丙子	氐	闭水	二	初四	丁未	尾	执水	三	初四	丙子	箕	收水	六	初五	丁未	女	平水
14	日	初四	丁丑	房	建水	三	初五	戊申	箕	破土	四	初五	丁丑	斗	开水	日	初六	戊申	虚	定土
15	一	初五	戊寅	心	除土	四	初六	己酉	斗	危土	五	初六	戊寅	牛	闭土	一	初七	己酉	危	执土
16	二	初六	己卯	尾	满土	五	初七	庚戌	牛	成金	六	初七	己卯	女	建土	二	初八	庚戌	室	破金
17	三	初七	庚辰	箕	平金	六	初八	辛亥	女	收金	日	初八	庚辰	虚	除金	三	初九	辛亥	壁	危金
18	四	初八	辛巳	斗	定金	日	初九	壬子	虚	开木	一	初九	辛巳	危	满金	四	初十	壬子	奎	成木
19	五	初九	壬午	牛	执木	一	初十	癸丑	危	闭木	二	初十	壬午	室	平木	五	十一	癸丑	娄	收木
20	六	初十	癸未	女	破木	二	十一	甲寅	室	建水	三	十一	癸未	壁	定木	六	十二	甲寅	胃	开水
21	日	十一	甲申	虚	危水	三	十二	乙卯	壁	除水	四	十二	甲申	奎	执水	日	十三	乙卯	昴	闭水
22	一	十二	乙酉	危	成水	四	十三	丙辰	奎	满土	五	十三	乙酉	娄	破水	一	十四	丙辰	毕	建土
23	二	十三	丙戌	室	收土	五	十四	丁巳	娄	平土	六	十四	丙戌	胃	危土	二	十五	丁巳	觜	除土
24	三	十四	丁亥	壁	开土	六	十五	戊午	胃	定火	日	十五	丁亥	昴	成土	三	十六	戊午	参	满火
25	四	十五	戊子	奎	闭火	日	十六	己未	昴	执火	一	十六	戊子	毕	收火	四	十七	己未	井	平火
26	五	十六	己丑	娄	建火	一	十七	庚申	毕	破木	二	十七	己丑	觜	开火	五	十八	庚申	鬼	定木
27	六	十七	庚寅	胃	除木	二	十八	辛酉	觜	危木	三	十八	庚寅	参	闭木	六	十九	辛酉	柳	执木
28	日	十八	辛卯	昴	满木	三	十九	壬戌	参	成水	四	十九	辛卯	井	建木	日	二十	壬戌	星	破水
29	一	十九	壬辰	毕	平水	四	二十	癸亥	井	收水	五	二十	壬辰	鬼	除水	一	廿一	癸亥	张	危水
30	二	二十	癸巳	觜	定水						六	廿一	癸巳	柳	满水	二	廿二	甲子	翼	成金
31	三	廿一	甲午	参	执金						日	廿二	甲午	星	平金					

节气	小寒:6日寅时 大寒:20日亥时	立春:4日申时 雨水:19日午时	惊蛰:5日巳时 春分:20日午时	清明:4日申时 谷雨:19日亥时

月干支:十二月乙丑　正月丙寅　二月丁卯　三月戊辰

公元 2024 年

农历 甲辰(龙)年 太岁李成 九星三碧

公历	5月 星期	农历	干支	星宿	五行	6月 星期	农历	干支	星宿	五行	7月 星期	农历	干支	星宿	五行	8月 星期	农历	干支	星宿	五行
1	三	廿三	乙丑	轸	收金	六	廿五	丙申	氐	平火	一	廿六	丙寅	心	成火	四	廿七	丁酉	斗	满火
2	四	廿四	丙寅	角	开火	日	廿六	丁酉	房	定火	二	廿七	丁卯	尾	收火	五	廿八	戊戌	牛	平木
3	五	廿五	丁卯	亢	闭火	一	廿七	戊戌	心	执木	三	廿八	戊辰	箕	开木	六	廿九	己亥	女	定木
4	六	廿六	戊辰	氐	建木	二	廿八	己亥	尾	破木	四	廿九	己巳	斗	闭土	日	七月	庚子	虚	执土
5	日	廿七	己巳	房	建木	三	廿九	庚子	箕	破土	五	三十	庚午	牛	建土	一	初二	辛丑	危	破土
6	一	廿八	庚午	心	除土	四	五月	辛丑	斗	危金	六	六月	辛未	女	建金	二	初三	壬寅	室	危金
7	二	廿九	辛未	尾	满土	五	初二	壬寅	牛	成金	日	初二	壬申	虚	除金	三	初四	癸卯	壁	危金
8	三	四月	壬申	箕	平金	六	初三	癸卯	女	收金	一	初三	癸酉	危	满金	四	初五	甲辰	奎	成火
9	四	初二	癸酉	斗	定金	日	初四	甲辰	虚	开火	二	初四	甲戌	室	平火	五	初六	乙巳	娄	收火
10	五	初三	甲戌	牛	执火	一	初五	乙巳	危	闭火	三	初五	乙亥	壁	定火	六	初七	丙午	胃	开水
11	六	初四	乙亥	女	破火	二	初六	丙午	室	建水	四	初六	丙子	奎	执水	日	初八	丁未	昴	闭水
12	日	初五	丙子	虚	危水	三	初七	丁未	壁	除水	五	初七	丁丑	娄	破水	一	初九	戊申	毕	建土
13	一	初六	丁丑	危	成水	四	初八	戊申	奎	满土	六	初八	戊寅	胃	危土	二	初十	己酉	觜	除土
14	二	初七	戊寅	室	收土	五	初九	己酉	娄	平土	日	初九	己卯	昴	成土	三	十一	庚戌	参	满金
15	三	初八	己卯	壁	开土	六	初十	庚戌	胃	定金	一	初十	庚辰	毕	收金	四	十二	辛亥	井	平金
16	四	初九	庚辰	奎	闭金	日	十一	辛亥	昴	执金	二	十一	辛巳	觜	开金	五	十三	壬子	鬼	定木
17	五	初十	辛巳	娄	建金	一	十二	壬子	毕	破木	三	十二	壬午	参	闭木	六	十四	癸丑	柳	执木
18	六	十一	壬午	胃	除木	二	十三	癸丑	觜	危木	四	十三	癸未	井	建木	日	十五	甲寅	星	破水
19	日	十二	癸未	昴	满木	三	十四	甲寅	参	成水	五	十四	甲申	鬼	除水	一	十六	乙卯	张	危水
20	一	十三	甲申	毕	平水	四	十五	乙卯	井	收水	六	十五	乙酉	柳	满水	二	十七	丙辰	翼	成土
21	二	十四	乙酉	觜	定水	五	十六	丙辰	鬼	开土	日	十六	丙戌	星	平土	三	十八	丁巳	轸	收土
22	三	十五	丙戌	参	执土	六	十七	丁巳	柳	闭土	一	十七	丁亥	张	定土	四	十九	戊午	角	开火
23	四	十六	丁亥	井	破土	一	十八	戊午	星	建火	二	十八	戊子	翼	执火	五	二十	己未	亢	闭火
24	五	十七	戊子	鬼	危火	一	十九	己未	张	除火	三	十九	己丑	轸	破火	六	廿一	庚申	氐	建木
25	六	十八	己丑	柳	成火	二	二十	庚申	翼	满木	四	二十	庚寅	角	危木	日	廿二	辛酉	房	除木
26	日	十九	庚寅	星	收木	三	廿一	辛酉	轸	平木	五	廿一	辛卯	亢	成木	一	廿三	壬戌	心	满水
27	一	二十	辛卯	张	开木	四	廿二	壬戌	角	定水	六	廿二	壬辰	氐	收水	二	廿四	癸亥	尾	平水
28	二	廿一	壬辰	翼	闭水	五	廿三	癸亥	亢	执水	日	廿三	癸巳	房	开水	三	廿五	甲子	箕	定金
29	三	廿二	癸巳	轸	建水	六	廿四	甲子	氐	破金	一	廿四	甲午	心	闭金	四	廿六	乙丑	斗	执金
30	四	廿三	甲午	角	除金	日	廿五	乙丑	房	危金	二	廿五	乙未	尾	建金	五	廿七	丙寅	牛	破火
31	五	廿四	乙未	亢	满金						三	廿六	丙申	箕	除火	六	廿八	丁卯	女	危火

节气

立夏:5日辰时	芒种:5日午时	小暑:6日亥时	立秋:7日辰时
小满:20日戌时	夏至:21日寅时	大暑:22日申时	处暑:22日亥时

月干支:四月己巳　五月庚午　六月辛未　七月壬申

八、附录

173

公元 2024 年

农历 甲辰(龙)年 太岁李成 九星三碧

公历	9月 星期	农历	干支	星宿	五行	10月 星期	农历	干支	星宿	五行	11月 星期	农历	干支	星宿	五行	12月 星期	农历	干支	星宿	五行
1	日	廿九	戊辰	虚	成木	二	廿九	戊戌	室	除木	五	十月	己巳	娄	危木	日	十一月	己亥	昴	建木
2	一	三十	己巳	危	收木	三	三十	己亥	壁	满木	六	初二	庚午	胃	成土	一	初二	庚子	毕	除土
3	二	八月	庚午	室	开土	四	九月	庚子	奎	收土	日	初三	辛未	昴	收土	二	初三	辛丑	觜	满土
4	三	初二	辛未	壁	闭土	五	初二	辛丑	娄	平土	一	初四	壬申	毕	开金	三	初四	壬寅	参	平金
5	四	初三	壬申	奎	建金	六	初三	壬寅	胃	执金	二	初五	癸酉	觜	闭金	四	初五	癸卯	井	定金
6	五	初四	癸酉	娄	除金	日	初四	癸卯	昴	破金	三	初六	甲戌	参	建火	五	初六	甲辰	鬼	定火
7	六	初五	甲戌	胃	满火	一	初五	甲辰	毕	危火	四	初七	乙亥	井	建火	六	初七	乙巳	柳	执火
8	日	初六	乙亥	昴	平火	二	初六	乙巳	觜	危火	五	初八	丙子	鬼	除水	日	初八	丙午	星	破水
9	一	初七	丙子	毕	平水	三	初七	丙午	参	成水	六	初九	丁丑	柳	满水	一	初九	丁未	张	危水
10	二	初八	丁丑	觜	定水	四	初八	丁未	井	收水	日	初十	戊寅	星	平土	二	初十	戊申	翼	成土
11	三	初九	戊寅	参	执土	五	初九	戊申	鬼	开土	一	十一	己卯	张	定土	三	十一	己酉	轸	收土
12	四	初十	己卯	井	破土	六	初十	己酉	柳	闭土	二	十二	庚辰	翼	执金	四	十二	庚戌	角	开金
13	五	十一	庚辰	鬼	危金	日	十一	庚戌	星	建金	三	十三	辛巳	轸	破金	五	十三	辛亥	亢	闭金
14	六	十二	辛巳	柳	成金	一	十二	辛亥	张	除金	四	十四	壬午	角	危木	六	十四	壬子	氐	建木
15	日	十三	壬午	星	收木	二	十三	壬子	翼	满木	五	十五	癸未	亢	成木	日	十五	癸丑	房	除木
16	一	十四	癸未	张	开木	三	十四	癸丑	轸	平木	六	十六	甲申	氐	收水	一	十六	甲寅	心	满水
17	二	十五	甲申	翼	闭水	四	十五	甲寅	角	定水	日	十七	乙酉	房	开水	二	十七	乙卯	尾	平水
18	三	十六	乙酉	轸	建水	五	十六	乙卯	亢	执水	一	十八	丙戌	心	闭土	三	十八	丙辰	箕	定土
19	四	十七	丙戌	角	除土	六	十七	丙辰	氐	破土	二	十九	丁亥	尾	建土	四	十九	丁巳	斗	执土
20	五	十八	丁亥	亢	满土	日	十八	丁巳	房	危土	三	二十	戊子	箕	除火	五	二十	戊午	牛	破火
21	六	十九	戊子	氐	平火	一	十九	戊午	心	成火	四	廿一	己丑	斗	满火	六	廿一	己未	女	危火
22	日	二十	己丑	房	定火	二	二十	己未	尾	收火	五	廿二	庚寅	牛	平木	日	廿二	庚申	虚	成木
23	一	廿一	庚寅	心	执木	三	廿一	庚申	箕	开木	六	廿三	辛卯	女	定木	一	廿三	辛酉	危	收木
24	二	廿二	辛卯	尾	破木	四	廿二	辛酉	斗	闭木	日	廿四	壬辰	虚	执水	二	廿四	壬戌	室	开水
25	三	廿三	壬辰	箕	危水	五	廿三	壬戌	牛	建水	一	廿五	癸巳	危	破水	三	廿五	癸亥	壁	闭水
26	四	廿四	癸巳	斗	成水	六	廿四	癸亥	女	除水	二	廿六	甲午	室	危金	四	廿六	甲子	奎	建金
27	五	廿五	甲午	牛	收金	日	廿五	甲子	虚	满金	三	廿七	乙未	壁	成金	五	廿七	乙丑	娄	除金
28	六	廿六	乙未	女	开金	一	廿六	乙丑	危	平金	四	廿八	丙申	奎	收火	六	廿八	丙寅	胃	满火
29	日	廿七	丙申	虚	闭火	二	廿七	丙寅	室	定火	五	廿九	丁酉	娄	开木	日	廿九	丁卯	昴	平火
30	一	廿八	丁酉	危	建火	三	廿八	丁卯	壁	执火	六	三十	戊戌	胃	闭木	一	三十	戊辰	毕	定木
31						四	廿九	戊辰	奎	破木						二	十二月	己巳	觜	执木

节气	9月	10月	11月	12月
	白露:7日午时	寒露:8日寅时	立冬:7日卯时	大雪:6日夜子
	秋分:23日戌时	霜降:23日卯时	小雪:22日寅时	冬至:21日酉时

月干支：八月癸酉　九月甲戌　十月乙亥　十一月丙子

公元 2025 年

农历　甲辰(龙)年　　太岁李成　九星三碧
　　　乙巳(蛇)年(闰六月)　太岁吴遂　九星二黑

公历	1月 星期	农历	干支	星宿	五行	2月 星期	农历	干支	星宿	五行	3月 星期	农历	干支	星宿	五行	4月 星期	农历	干支	星宿	五行
1	三	初二	庚午	参	破土	六	初四	辛丑	柳	建土	六	初二	己巳	柳	平木	二	初四	庚子	翼	收土
2	四	初三	辛未	井	危土	日	初五	壬寅	星	除金	日	初三	庚午	星	定土	三	初五	辛丑	轸	开土
3	五	初四	壬申	鬼	成金	一	初六	癸卯	张	满金	一	初四	辛未	张	执土	四	初六	壬寅	角	闭金
4	六	初五	癸酉	柳	收金	二	初七	甲辰	翼	满火	二	初五	壬申	翼	破金	五	初七	癸卯	亢	闭金
5	日	初六	甲戌	星	收火	三	初八	乙巳	轸	平火	三	初六	癸酉	轸	破金	六	初八	甲辰	氐	建火
6	一	初七	乙亥	张	开火	四	初九	丙午	角	定水	四	初七	甲戌	角	危火	日	初九	乙巳	房	除火
7	二	初八	丙子	翼	闭水	五	初十	丁未	亢	执水	五	初八	乙亥	亢	成火	一	初十	丙午	心	满水
8	三	初九	丁丑	轸	建水	六	十一	戊申	氐	破土	六	初九	丙子	氐	收水	二	十一	丁未	尾	平水
9	四	初十	戊寅	角	除土	日	十二	己酉	房	危土	日	初十	丁丑	房	开水	三	十二	戊申	箕	定土
10	五	十一	己卯	亢	满土	一	十三	庚戌	心	成金	一	十一	戊寅	心	闭土	四	十三	己酉	斗	执土
11	六	十二	庚辰	氐	平金	二	十四	辛亥	尾	收金	二	十二	己卯	尾	建土	五	十四	庚戌	牛	破金
12	日	十三	辛巳	房	定金	三	十五	壬子	箕	开木	三	十三	庚辰	箕	除金	六	十五	辛亥	女	危金
13	一	十四	壬午	心	执木	四	十六	癸丑	斗	闭木	四	十四	辛巳	斗	满金	日	十六	壬子	虚	成木
14	二	十五	癸未	尾	破木	五	十七	甲寅	牛	建水	五	十五	壬午	牛	平木	一	十七	癸丑	危	收木
15	三	十六	甲申	箕	危水	六	十八	乙卯	女	除水	六	十六	癸未	女	定木	二	十八	甲寅	室	开水
16	四	十七	乙酉	斗	成水	日	十九	丙辰	虚	满土	日	十七	甲申	虚	执水	三	十九	乙卯	壁	闭水
17	五	十八	丙戌	牛	收土	一	二十	丁巳	危	平土	一	十八	乙酉	危	破水	四	二十	丙辰	奎	建土
18	六	十九	丁亥	女	开土	二	廿一	戊午	室	定火	二	十九	丙戌	室	危土	五	廿一	丁巳	娄	除土
19	日	二十	戊子	虚	闭火	三	廿二	己未	壁	执火	三	二十	丁亥	壁	成土	六	廿二	戊午	胃	满火
20	一	廿一	己丑	危	建火	四	廿三	庚申	奎	破木	四	廿一	戊子	奎	收火	日	廿三	己未	昴	平火
21	二	廿二	庚寅	室	除木	五	廿四	辛酉	娄	危木	五	廿二	己丑	娄	开火	一	廿四	庚申	毕	定木
22	三	廿三	辛卯	壁	满木	六	廿五	壬戌	胃	成水	六	廿三	庚寅	胃	闭木	二	廿五	辛酉	觜	执木
23	四	廿四	壬辰	奎	平水	日	廿六	癸亥	昴	收水	日	廿四	辛卯	昴	建木	三	廿六	壬戌	参	破水
24	五	廿五	癸巳	娄	定水	一	廿七	甲子	毕	开金	一	廿五	壬辰	毕	除水	四	廿七	癸亥	井	危水
25	六	廿六	甲午	胃	执金	二	廿八	乙丑	觜	闭金	二	廿六	癸巳	觜	满水	五	廿八	甲子	鬼	成金
26	日	廿七	乙未	昴	破金	三	廿九	丙寅	参	建火	三	廿七	甲午	参	平金	六	廿九	乙丑	柳	收金
27	一	廿八	丙申	毕	危火	四	三十	丁卯	井	除火	四	廿八	乙未	井	定金	日	三十	丙寅	星	开火
28	二	廿九	丁酉	觜	成火	五	二月	戊辰	鬼	满木	五	廿九	丙申	鬼	执火	一	四月	丁卯	张	闭火
29	三	正月	戊戌	参	收木						六	三月	丁酉	柳	破火	二	初二	戊辰	翼	建木
30	四	初二	己亥	井	开木						日	初二	戊戌	星	危木	三	初三	己巳	轸	除木
31	五	初三	庚子	鬼	闭土						一	初三	己亥	张	成木					

节气			
小寒:5日巳时	立春:3日亥时	惊蛰:5日申时	清明:4日戌时
大寒:20日寅时	雨水:18日酉时	春分:20日酉时	谷雨:20日寅时

月干支：十二月丁丑　　正月戊寅　　二月己卯　　三月庚辰

公元 2025 年

农历 乙巳(蛇)年(闰六月) 太岁吴遂 九星二黑

公历	5月 星期	农历	干支	星宿	五行	6月 星期	农历	干支	星宿	五行	7月 星期	农历	干支	星宿	五行	8月 星期	农历	干支	星宿	五行
1	四	初四	庚午	角	满土	日	初六	辛丑	房	成土	二	初七	辛未	尾	除土	五	初八	壬寅	牛	危金
2	五	初五	辛未	亢	平土	一	初七	壬寅	心	收金	三	初八	壬申	箕	满金	六	初九	癸卯	女	成金
3	六	初六	壬申	氐	定金	二	初八	癸卯	尾	开金	四	初九	癸酉	斗	平金	日	初十	甲辰	虚	收火
4	日	初七	癸酉	房	执金	三	初九	甲辰	箕	闭火	五	初十	甲戌	牛	定火	一	十一	乙巳	危	开火
5	一	初八	甲戌	心	破火	四	初十	乙巳	斗	闭火	六	十一	乙亥	女	执火	二	十二	丙午	室	闭水
6	二	初九	乙亥	尾	破火	五	十一	丙午	牛	建水	日	十二	丙子	虚	破水	三	十三	丁未	壁	建水
7	三	初十	丙子	箕	危水	六	十二	丁未	女	除水	一	十三	丁丑	危	破水	四	十四	戊申	奎	建土
8	四	十一	丁丑	斗	成水	日	十三	戊申	虚	满土	二	十四	戊寅	室	危土	五	十五	己酉	娄	除土
9	五	十二	戊寅	牛	收土	一	十四	己酉	危	平土	三	十五	己卯	壁	成土	六	十六	庚戌	胃	满金
10	六	十三	己卯	女	开土	二	十五	庚戌	室	定金	四	十六	庚辰	奎	收金	日	十七	辛亥	昴	平金
11	日	十四	庚辰	虚	闭金	三	十六	辛亥	壁	执金	五	十七	辛巳	娄	开金	一	十八	壬子	毕	定木
12	一	十五	辛巳	危	建金	四	十七	壬子	奎	破木	六	十八	壬午	胃	闭木	二	十九	癸丑	觜	执木
13	二	十六	壬午	室	除木	五	十八	癸丑	娄	危木	日	十九	癸未	昴	建木	三	二十	甲寅	参	破水
14	三	十七	癸未	壁	满木	六	十九	甲寅	胃	成水	一	二十	甲申	毕	除水	四	廿一	乙卯	井	危水
15	四	十八	甲申	奎	平水	日	二十	乙卯	昴	收水	二	廿一	乙酉	觜	满水	五	廿二	丙辰	鬼	成土
16	五	十九	乙酉	娄	定水	一	廿一	丙辰	毕	开土	三	廿二	丙戌	参	平土	六	廿三	丁巳	柳	收土
17	六	二十	丙戌	胃	执土	二	廿二	丁巳	觜	闭土	四	廿三	丁亥	井	定土	日	廿四	戊午	星	开火
18	日	廿一	丁亥	昴	破土	三	廿三	戊午	参	建火	五	廿四	戊子	鬼	执火	一	廿五	己未	张	闭火
19	一	廿二	戊子	毕	危火	四	廿四	己未	井	除火	六	廿五	己丑	柳	破火	二	廿六	庚申	翼	建木
20	二	廿三	己丑	觜	成火	五	廿五	庚申	鬼	满木	日	廿六	庚寅	星	危木	三	廿七	辛酉	轸	除木
21	三	廿四	庚寅	参	收木	六	廿六	辛酉	柳	平木	一	廿七	辛卯	张	成木	四	廿八	壬戌	角	满水
22	四	廿五	辛卯	井	开木	日	廿七	壬戌	星	定水	二	廿八	壬辰	翼	收水	五	廿九	癸亥	亢	平水
23	五	廿六	壬辰	鬼	闭水	一	廿八	癸亥	张	执水	三	廿九	癸巳	轸	开水	六	七月	甲子	氐	定金
24	六	廿七	癸巳	柳	建水	二	廿九	甲子	翼	破金	四	三十	甲午	角	闭金	日	初二	乙丑	房	执金
25	日	廿八	甲午	星	除金	三	六月	乙丑	轸	危金	五	闰六	乙未	亢	建金	一	初三	丙寅	心	破火
26	一	廿九	乙未	张	满金	四	初二	丙寅	角	成火	六	初二	丙申	氐	除火	二	初四	丁卯	尾	危火
27	二	五月	丙申	翼	平火	五	初三	丁卯	亢	收火	日	初三	丁酉	房	满火	三	初五	戊辰	箕	成木
28	三	初二	丁酉	轸	定火	六	初四	戊辰	氐	开木	一	初四	戊戌	心	平木	四	初六	己巳	斗	收木
29	四	初三	戊戌	角	执木	日	初五	己巳	房	闭木	二	初五	己亥	尾	定木	五	初七	庚午	牛	开土
30	五	初四	己亥	亢	破木	一	初六	庚午	心	建土	三	初六	庚子	箕	执土	六	初八	辛未	女	闭土
31	六	初五	庚子	氐	危土						四	初七	辛丑	斗	破土	日	初九	壬申	虚	建金

节气	5月	6月	7月	8月
	立夏:5日未时	芒种:5日酉时	小暑:7日寅时	立秋:7日未时
	小满:21日丑时	夏至:21日巳时	大暑:22日亥时	处暑:23日寅时

月干支：四月辛巳　五月壬午　六月癸未　闰六月癸未

公元 2025 年

农历 乙巳(蛇)年(闰六月) 太岁吴遂 九星二黑

公历	9月 星期	农历	干支	星宿	五行	10月 星期	农历	干支	星宿	五行	11月 星期	农历	干支	星宿	五行	12月 星期	农历	干支	星宿	五行
1	一	初十	癸酉	危	除金	三	初十	癸卯	壁	破金	六	十二	甲戌	胃	建火	一	十二	甲辰	毕	执火
2	二	十一	甲戌	室	满火	四	十一	甲辰	奎	危火	日	十三	乙亥	昴	除火	二	十三	乙巳	觜	破火
3	三	十二	乙亥	壁	平火	五	十二	乙巳	娄	成火	一	十四	丙子	毕	满水	三	十四	丙午	参	危水
4	四	十三	丙子	奎	定水	六	十三	丙午	胃	收水	二	十五	丁丑	觜	平水	四	十五	丁未	井	成水
5	五	十四	丁丑	娄	执水	日	十四	丁未	昴	开水	三	十六	戊寅	参	定土	五	十六	戊申	鬼	收土
6	六	十五	戊寅	胃	破土	一	十五	戊申	毕	闭土	四	十七	己卯	井	执土	六	十七	己酉	柳	开土
7	日	十六	己卯	昴	破土	二	十六	己酉	觜	建土	五	十八	庚辰	鬼	执金	日	十八	庚戌	星	开金
8	一	十七	庚辰	毕	危金	三	十七	庚戌	参	建金	六	十九	辛巳	柳	破金	一	十九	辛亥	张	闭金
9	二	十八	辛巳	觜	成金	四	十八	辛亥	井	除金	日	二十	壬午	星	危木	二	二十	壬子	翼	建木
10	三	十九	壬午	参	收木	五	十九	壬子	鬼	满木	一	廿一	癸未	张	成木	三	廿一	癸丑	轸	除木
11	四	二十	癸未	井	开木	六	二十	癸丑	柳	平木	二	廿二	甲申	翼	收水	四	廿二	甲寅	角	满水
12	五	廿一	甲申	鬼	闭水	日	廿一	甲寅	星	定水	三	廿三	乙酉	轸	开水	五	廿三	乙卯	亢	平水
13	六	廿二	乙酉	柳	建水	一	廿二	乙卯	张	执水	四	廿四	丙戌	角	闭土	六	廿四	丙辰	氐	定土
14	日	廿三	丙戌	星	除土	二	廿三	丙辰	翼	破土	五	廿五	丁亥	亢	建土	日	廿五	丁巳	房	执土
15	一	廿四	丁亥	张	满土	三	廿四	丁巳	轸	危土	六	廿六	戊子	氐	除火	一	廿六	戊午	心	破火
16	二	廿五	戊子	翼	平火	四	廿五	戊午	角	成火	日	廿七	己丑	房	满火	二	廿七	己未	尾	危火
17	三	廿六	己丑	轸	定火	五	廿六	己未	亢	收火	一	廿八	庚寅	心	平木	三	廿八	庚申	箕	成木
18	四	廿七	庚寅	角	执木	六	廿七	庚申	氐	开木	二	廿九	辛卯	尾	定木	四	廿九	辛酉	斗	收金
19	五	廿八	辛卯	亢	破木	日	廿八	辛酉	房	闭木	三	三十	壬辰	箕	执水	五	三十	壬戌	牛	开水
20	六	廿九	壬辰	氐	危水	一	廿九	壬戌	心	建水	四	十月	癸巳	斗	破水	六	十一	癸亥	女	闭水
21	日	三十	癸巳	房	成水	二	九月	癸亥	尾	除水	五	初二	甲午	牛	危金	日	初二	甲子	虚	建金
22	一	八月	甲午	心	收金	三	初二	甲子	箕	满金	六	初三	乙未	女	成金	一	初三	乙丑	危	除金
23	二	初二	乙未	尾	开金	四	初三	乙丑	斗	平金	日	初四	丙申	虚	收火	二	初四	丙寅	室	满火
24	三	初三	丙申	箕	闭火	五	初四	丙寅	牛	定火	一	初五	丁酉	危	开火	三	初五	丁卯	壁	平水
25	四	初四	丁酉	斗	建火	六	初五	丁卯	女	执火	二	初六	戊戌	室	闭木	四	初六	戊辰	奎	定木
26	五	初五	戊戌	牛	除木	日	初六	戊辰	虚	破木	三	初七	己亥	壁	建木	五	初七	己巳	娄	执木
27	六	初六	己亥	女	满木	一	初七	己巳	危	危木	四	初八	庚子	奎	除土	六	初八	庚午	胃	破土
28	日	初七	庚子	虚	平土	二	初八	庚午	室	成土	五	初九	辛丑	娄	满土	日	初九	辛未	昴	危土
29	一	初八	辛丑	危	定土	三	初九	辛未	壁	收土	六	初十	壬寅	胃	平金	一	初十	壬申	毕	成金
30	二	初九	壬寅	室	执金	四	初十	壬申	奎	开金	日	十一	癸卯	昴	定金	二	十一	癸酉	觜	收金
31						五	十一	癸酉	娄	闭金						三	十二	甲戌	参	开火

节气	白露:7日申时 秋分:23日丑时	寒露:8日辰时 霜降:23日午时	立冬:7日午时 小雪:22日巳时	大雪:7日卯时 冬至:21日夜子

月干支:七月甲申　八月乙酉　九月丙戌　十月丁亥

八、附录

177

公元 2026 年

农历　乙巳(蛇)年　太岁吴遂　九星二黑
　　　丙午(马)年　太岁文折　九星一白

公历	1月 星期	农历	干支	星宿	五行	2月 星期	农历	干支	星宿	五行	3月 星期	农历	干支	星宿	五行	4月 星期	农历	干支	星宿	五行
1	四	十三	乙亥	井	闭火	日	十四	丙午	星	执水	日	十三	甲戌	星	成火	三	十四	乙巳	轸	满火
2	五	十四	丙子	鬼	建水	一	十五	丁未	张	收水	一	十四	乙亥	张	收火	四	十五	丙午	角	平水
3	六	十五	丁丑	柳	除水	二	十六	戊申	翼	危土	二	十五	丙子	翼	开水	五	十六	丁未	亢	定水
4	日	十六	戊寅	星	满土	三	十七	己酉	轸	成土	三	十六	丁丑	轸	闭水	六	十七	戊申	氐	执土
5	一	十七	己卯	张	满土	四	十八	庚戌	角	成金	四	十七	戊寅	角	闭土	日	十八	己酉	房	执土
6	二	十八	庚辰	翼	平金	五	十九	辛亥	亢	收金	五	十八	己卯	亢	建土	一	十九	庚戌	心	破金
7	三	十九	辛巳	轸	定金	六	二十	壬子	氐	开金	六	十九	庚辰	氐	除金	二	二十	辛亥	尾	危金
8	四	二十	壬午	角	执木	日	廿一	癸丑	房	闭木	日	二十	辛巳	房	满金	三	廿一	壬子	箕	成木
9	五	廿一	癸未	亢	破木	一	廿二	甲寅	心	建水	一	廿一	壬午	心	平木	四	廿二	癸丑	斗	收木
10	六	廿二	甲申	氐	危水	二	廿三	乙卯	尾	除水	二	廿二	癸未	尾	定木	五	廿三	甲寅	牛	开水
11	日	廿三	乙酉	房	成水	三	廿四	丙辰	箕	满土	三	廿三	甲申	箕	执水	六	廿四	乙卯	女	闭水
12	一	廿四	丙戌	心	收土	四	廿五	丁巳	斗	平土	四	廿四	乙酉	斗	破水	日	廿五	丙辰	虚	建土
13	二	廿五	丁亥	尾	开土	五	廿六	戊午	牛	定火	五	廿五	丙戌	牛	危土	一	廿六	丁巳	危	除土
14	三	廿六	戊子	箕	闭火	六	廿七	己未	女	执土	六	廿六	丁亥	女	成土	二	廿七	戊午	室	满火
15	四	廿七	己丑	斗	建火	日	廿八	庚申	虚	破木	日	廿七	戊子	虚	收火	三	廿八	己未	壁	平火
16	五	廿八	庚寅	牛	除木	一	廿九	辛酉	危	危木	一	廿八	己丑	危	开火	四	廿九	庚申	奎	定木
17	六	廿九	辛卯	女	满木	二	**正月**	壬戌	室	成水	二	廿九	庚寅	室	闭木	五	**三月**	辛酉	娄	执木
18	日	三十	壬辰	虚	平水	三	初二	癸亥	壁	收水	三	三十	辛卯	壁	建木	六	初二	壬戌	胃	破水
19	一	**十二**	癸巳	危	定水	四	初三	甲子	奎	开金	四	**二月**	壬辰	奎	除水	日	初三	癸亥	昴	危水
20	二	初二	甲午	室	执金	五	初四	乙丑	娄	闭金	五	初二	癸巳	娄	满水	一	初四	甲子	毕	成金
21	三	初三	乙未	壁	破金	六	初五	丙寅	胃	建火	六	初三	甲午	胃	平金	二	初五	乙丑	觜	收金
22	四	初四	丙申	奎	危火	日	初六	丁卯	昴	除火	日	初四	乙未	昴	定金	三	初六	丙寅	参	开火
23	五	初五	丁酉	娄	成火	一	初七	戊辰	毕	平木	一	初五	丙申	毕	执火	四	初七	丁卯	井	闭火
24	六	初六	戊戌	胃	收木	二	初八	己巳	觜	平木	二	初六	丁酉	觜	破火	五	初八	戊辰	鬼	建木
25	日	初七	己亥	昴	开木	三	初九	庚午	参	定土	三	初七	戊戌	参	危木	六	初九	己巳	柳	除木
26	一	初八	庚子	毕	闭土	四	初十	辛未	井	执土	四	初八	己亥	井	成木	日	初十	庚午	星	满土
27	二	初九	辛丑	觜	建土	五	十一	壬申	鬼	破金	五	初九	庚子	鬼	收土	一	十一	辛未	张	平土
28	三	初十	壬寅	参	除金	六	十二	癸酉	柳	危金	六	初十	辛丑	柳	开土	二	十二	壬申	翼	定金
29	四	十一	癸卯	井	满金						日	十一	壬寅	星	闭金	三	十三	癸酉	轸	执金
30	五	十二	甲辰	鬼	平火						一	十二	癸卯	张	建金	四	十四	甲戌	角	破火
31	六	十三	乙巳	柳	定火						二	十三	甲辰	翼	除火					

节气			
小寒:5日申时	立春:4日寅时	惊蛰:5日亥时	清明:5日丑时
大寒:20日巳时	雨水:18日夜子	春分:20日亥时	谷雨:20日巳时

月干支:十一月戊子　　十二月己丑　　正月庚寅　　二月辛卯

公元 2026 年

公历	5 月 星期	农历	干支	星宿	五行	6 月 星期	农历	干支	星宿	五行	7 月 星期	农历	干支	星宿	五行	8 月 星期	农历	干支	星宿	五行
1	五	十五	乙亥	亢	危火	一	十六	丙午	心	除水	三	十七	丙子	箕	破水	六	十九	丁未	女	建水
2	六	十六	丙子	氐	成水	二	十七	丁未	尾	满水	四	十八	丁丑	斗	危水	日	二十	戊申	虚	除土
3	日	十七	丁丑	房	收水	三	十八	戊申	箕	平土	五	十九	戊寅	牛	成土	一	廿一	己酉	危	满土
4	一	十八	戊寅	心	开土	四	十九	己酉	斗	定土	六	二十	己卯	女	收土	二	廿二	庚戌	室	平金
5	二	十九	己卯	尾	开土	五	二十	庚戌	牛	定金	日	廿一	庚辰	虚	开金	三	廿三	辛亥	壁	定金
6	三	二十	庚辰	箕	闭金	六	廿一	辛亥	女	执金	一	廿二	辛巳	危	闭金	四	廿四	壬子	奎	执木
7	四	廿一	辛巳	斗	建金	日	廿二	壬子	虚	破木	二	廿三	壬午	室	闭木	五	廿五	癸丑	娄	执木
8	五	廿二	壬午	牛	除木	一	廿三	癸丑	危	危水	三	廿四	癸未	壁	建木	六	廿六	甲寅	胃	破水
9	六	廿三	癸未	女	满木	二	廿四	甲寅	室	成水	四	廿五	甲申	奎	除水	日	廿七	乙卯	昴	危金
10	日	廿四	甲申	虚	平水	三	廿五	乙卯	壁	收水	五	廿六	乙酉	娄	满水	一	廿八	丙辰	毕	成土
11	一	廿五	乙酉	危	定水	四	廿六	丙辰	奎	开土	六	廿七	丙戌	胃	平土	二	廿九	丁巳	觜	收土
12	二	廿六	丙戌	室	执土	五	廿七	丁巳	娄	闭土	日	廿八	丁亥	昴	定土	三	三十	戊午	参	开火
13	三	廿七	丁亥	壁	破土	六	廿八	戊午	胃	建火	一	廿九	戊子	毕	执火	四	七月	己未	井	闭火
14	四	廿八	戊子	奎	危火	日	廿九	己未	昴	除火	二	六月	己丑	觜	破火	五	初二	庚申	鬼	建木
15	五	廿九	己丑	娄	成火	一	五月	庚申	毕	满木	三	初二	庚寅	参	危木	六	初三	辛酉	柳	除金
16	六	三十	庚寅	胃	收木	二	初二	辛酉	觜	平木	四	初三	辛卯	井	成水	日	初四	壬戌	星	满水
17	日	四月	辛卯	昴	开木	三	初三	壬戌	参	定木	五	初四	壬辰	鬼	收水	一	初五	癸亥	张	平水
18	一	初二	壬辰	毕	闭水	四	初四	癸亥	井	执水	六	初五	癸巳	柳	开水	二	初六	甲子	翼	定金
19	二	初三	癸巳	觜	建水	五	初五	甲子	鬼	破金	日	初六	甲午	星	闭金	三	初七	乙丑	轸	执金
20	三	初四	甲午	参	除金	六	初六	乙丑	柳	危金	一	初七	乙未	张	建金	四	初八	丙寅	角	破火
21	四	初五	乙未	井	满金	日	初七	丙寅	星	成火	二	初八	丙申	翼	除火	五	初九	丁卯	亢	危火
22	五	初六	丙申	鬼	平火	一	初八	丁卯	张	收火	三	初九	丁酉	轸	满火	六	初十	戊辰	氐	成木
23	六	初七	丁酉	柳	定火	二	初九	戊辰	翼	开木	四	初十	戊戌	角	平木	日	十一	己巳	房	收木
24	日	初八	戊戌	星	执木	三	初十	己巳	轸	闭木	五	十一	己亥	亢	定木	一	十二	庚午	心	开土
25	一	初九	己亥	张	破木	四	十一	庚午	角	建土	六	十二	庚子	氐	执土	二	十三	辛未	尾	闭土
26	二	初十	庚子	翼	危土	五	十二	辛未	亢	除土	日	十三	辛丑	房	破金	三	十四	壬申	箕	建金
27	三	十一	辛丑	轸	成土	六	十三	壬申	氐	满金	一	十四	壬寅	心	危金	四	十五	癸酉	斗	除金
28	四	十二	壬寅	角	收金	日	十四	癸酉	房	平金	二	十五	癸卯	尾	成木	五	十六	甲戌	牛	满火
29	五	十三	癸卯	亢	开金	一	十五	甲戌	心	定火	三	十六	甲辰	箕	收火	六	十七	乙亥	女	平火
30	六	十四	甲辰	氐	闭火	二	十六	乙亥	尾	执火	四	十七	乙巳	斗	开火	日	十八	丙子	虚	定水
31	日	十五	乙巳	房	建火						五	十八	丙午	牛	闭水	一	十九	丁丑	危	执水

节气	立夏:5日戌时　小满:21日辰时	芒种:5日夜子　夏至:21日申时	小暑:7日巳时　大暑:23日寅时	立秋:7日戌时　处暑:23日巳时

月干支: 三月壬辰　四月癸巳　五月甲午　六月乙未

八、附录

公元 2026 年

农历 丙午(马)年　太岁文折　九星一白

公历	9月 星期	农历	干支	星宿	五行	10月 星期	农历	干支	星宿	五行	11月 星期	农历	干支	星宿	五行	12月 星期	农历	干支	星宿	五行
1	二	二十	戊寅	室	破土	四	十一	戊申	奎	闭土	日	廿三	己卯	昴	执土	二	廿三	己酉	觜	开土
2	三	廿一	己卯	壁	危土	五	十二	己酉	娄	建土	一	廿四	庚辰	毕	破金	三	廿四	庚戌	参	闭金
3	四	廿二	庚辰	奎	成金	六	十三	庚戌	胃	除金	二	廿五	辛巳	觜	危金	四	廿五	辛亥	井	建金
4	五	廿三	辛巳	娄	收金	日	十四	辛亥	昴	满金	三	廿六	壬午	参	成木	五	廿六	壬子	鬼	除木
5	六	廿四	壬午	胃	开木	一	十五	壬子	毕	平木	四	廿七	癸未	井	收木	六	廿七	癸丑	柳	满木
6	日	廿五	癸未	昴	闭木	二	十六	癸丑	觜	定木	五	廿八	甲申	鬼	开水	日	廿八	甲寅	星	平水
7	一	廿六	甲申	毕	建水	三	十七	甲寅	参	执水	六	廿九	乙酉	柳	开水	一	廿九	乙卯	张	平水
8	二	廿七	乙酉	觜	除水	四	十八	乙卯	井	执水	日	三十	丙戌	星	闭土	二	三十	丙辰	翼	定土
9	三	廿八	丙戌	参	除土	五	廿九	丙辰	鬼	破土	一	十月	丁亥	张	建土	三	十一	丁巳	轸	执土
10	四	廿九	丁亥	井	满土	六	九月	丁巳	柳	危土	二	初二	戊子	翼	除火	四	初二	戊午	角	破火
11	五	八月	戊子	鬼	平火	日	初二	戊午	星	成火	三	初三	己丑	轸	满火	五	初三	己未	亢	危火
12	六	初二	己丑	柳	定火	一	初三	己未	张	收火	四	初四	庚寅	角	平木	六	初四	庚申	氐	成木
13	日	初三	庚寅	星	执木	二	初四	庚申	翼	开木	五	初五	辛卯	亢	定木	日	初五	辛酉	房	收木
14	一	初四	辛卯	张	破木	三	初五	辛酉	轸	闭木	六	初六	壬辰	氐	执水	一	初六	壬戌	心	开水
15	二	初五	壬辰	翼	危水	四	初六	壬戌	角	建水	日	初七	癸巳	房	破水	二	初七	癸亥	尾	闭水
16	三	初六	癸巳	轸	成水	五	初七	癸亥	亢	除水	一	初八	甲午	心	危金	三	初八	甲子	箕	建金
17	四	初七	甲午	角	收金	六	初八	甲子	氐	满金	二	初九	乙未	尾	成金	四	初九	乙丑	斗	除金
18	五	初八	乙未	亢	开金	日	初九	乙丑	房	平金	三	初十	丙申	箕	收火	五	初十	丙寅	牛	满火
19	六	初九	丙申	氐	闭火	一	初十	丙寅	心	定火	四	十一	丁酉	斗	开火	六	十一	丁卯	女	平火
20	日	初十	丁酉	房	建火	二	十一	丁卯	尾	执火	五	十二	戊戌	牛	闭木	日	十二	戊辰	虚	定木
21	一	十一	戊戌	心	除木	三	十二	戊辰	箕	破木	六	十三	己亥	女	建木	一	十三	己巳	危	执木
22	二	十二	己亥	尾	满木	四	十三	己巳	斗	危木	日	十四	庚子	虚	除土	二	十四	庚午	室	破土
23	三	十三	庚子	箕	平土	五	十四	庚午	牛	成土	一	十五	辛丑	危	满土	三	十五	辛未	壁	危土
24	四	十四	辛丑	斗	定土	六	十五	辛未	女	收土	二	十六	壬寅	室	平金	四	十六	壬申	奎	成金
25	五	十五	壬寅	牛	执金	日	十六	壬申	虚	开金	三	十七	癸卯	壁	定金	五	十七	癸酉	娄	收金
26	六	十六	癸卯	女	破金	一	十七	癸酉	危	闭金	四	十八	甲辰	奎	执火	六	十八	甲戌	胃	开火
27	日	十七	甲辰	虚	危火	二	十八	甲戌	室	建火	五	十九	乙巳	娄	破火	日	十九	乙亥	昴	闭火
28	一	十八	乙巳	危	成火	三	十九	乙亥	壁	除火	六	二十	丙午	胃	危水	一	二十	丙子	毕	建水
29	二	十九	丙午	室	收水	四	二十	丙子	奎	满水	日	廿一	丁未	昴	成水	二	廿一	丁丑	觜	除水
30	三	二十	丁未	壁	开水	五	廿一	丁丑	娄	平水	一	廿二	戊申	毕	收土	三	廿二	戊寅	参	满土
31						六	廿二	戊寅	胃	定土						四	廿三	己卯	井	平土

节气

	9月	10月	11月	12月
	白露:7日亥时	寒露:8日未时	立冬:7日酉时	大雪:7日巳时
	秋分:23日辰时	霜降:23日酉时	小雪:22日申时	冬至:22日寅时

月干支:七月丙申　八月丁酉　九月戊戌　十月己亥

公元 2027 年

农历 丙午(马)年 太岁文折 九星一白
丁未(羊)年 太岁缪丙 九星九紫

公历	1月 星期	农历	干支	星宿	五行	2月 星期	农历	干支	星宿	五行	3月 星期	农历	干支	星宿	五行	4月 星期	农历	干支	星宿	五行
1	五	廿四	庚辰	鬼	定金	一	十五	辛亥	张	开金	一	廿四	己卯	张	除土	四	十五	庚戌	角	危金
2	六	廿五	辛巳	柳	执金	二	十六	壬子	翼	闭木	二	廿五	庚辰	翼	满金	五	十六	辛亥	亢	成木
3	日	廿六	壬午	星	破木	三	十七	癸丑	轸	建木	三	廿六	辛巳	轸	平金	六	十七	壬子	氐	收木
4	一	廿七	癸未	张	危木	四	十八	甲寅	角	建水	四	廿七	壬午	角	定木	日	十八	癸丑	房	开木
5	二	廿八	甲申	翼	危水	五	十九	乙卯	亢	除水	五	廿八	癸未	亢	执水	一	十九	甲寅	心	开水
6	三	廿九	乙酉	轸	成水	六	正月 丙辰		氐	满土	六	廿九	甲申	氐	执水	二	三十	乙卯	尾	闭水
7	四	三十	丙戌	角	收土	日	初二	丁巳	房	平土	日	三十	乙酉	房	破土	三	三月 丙辰		箕	建土
8	五	十二 丁亥		亢	开土	一	初三	戊午	心	定火	一	二月 丙戌		心	危土	四	初二	丁巳	斗	除土
9	六	初二	戊子	氐	闭火	二	初四	己未	尾	执火	二	初二	丁亥	尾	成土	五	初三	戊午	牛	满火
10	日	初三	己丑	房	建火	三	初五	庚申	箕	破木	三	初三	戊子	箕	收火	六	初四	己未	女	平火
11	一	初四	庚寅	心	除木	四	初六	辛酉	斗	危木	四	初四	己丑	斗	开火	日	初五	庚申	虚	定木
12	二	初五	辛卯	尾	满木	五	初七	壬戌	牛	成水	五	初五	庚寅	牛	闭木	一	初六	辛酉	危	执木
13	三	初六	壬辰	箕	平水	六	初八	癸亥	女	收水	六	初六	辛卯	女	建木	二	初七	壬戌	室	破水
14	四	初七	癸巳	斗	定水	日	初九	甲子	虚	开金	日	初七	壬辰	虚	除水	三	初八	癸亥	壁	危水
15	五	初八	甲午	牛	执金	一	初十	乙丑	危	闭金	一	初八	癸巳	危	满水	四	初九	甲子	奎	成金
16	六	初九	乙未	女	破金	二	十一	丙寅	室	建火	二	初九	甲午	室	平金	五	初十	乙丑	娄	收金
17	日	初十	丙申	虚	危火	三	十二	丁卯	壁	除火	三	初十	乙未	壁	定金	六	十一	丙寅	胃	开火
18	一	十一	丁酉	危	成火	四	十三	戊辰	奎	满木	四	十一	丙申	奎	执火	日	十二	丁卯	昴	闭火
19	二	十二	戊戌	室	收木	五	十四	己巳	娄	平木	五	十二	丁酉	娄	破火	一	十三	戊辰	毕	建木
20	三	十三	己亥	壁	开木	六	十五	庚午	胃	定土	六	十三	戊戌	胃	危木	二	十四	己巳	觜	除木
21	四	十四	庚子	奎	闭土	日	十六	辛未	昴	执土	日	十四	己亥	昴	成木	三	十五	庚午	参	满土
22	五	十五	辛丑	娄	建土	一	十七	壬申	毕	破金	一	十五	庚子	毕	收土	四	十六	辛未	井	平土
23	六	十六	壬寅	胃	除金	二	十八	癸酉	觜	危金	二	十六	辛丑	觜	开土	五	十七	壬申	鬼	定金
24	日	十七	癸卯	昴	满金	三	十九	甲戌	参	成火	三	十七	壬寅	参	闭金	六	十八	癸酉	柳	执金
25	一	十八	甲辰	毕	平火	四	二十	乙亥	井	收火	四	十八	癸卯	井	建金	日	十九	甲戌	星	破火
26	二	十九	乙巳	觜	定火	五	廿一	丙子	鬼	开水	五	十九	甲辰	鬼	除火	一	二十	乙亥	张	危火
27	三	二十	丙午	参	执水	六	廿二	丁丑	柳	闭水	六	二十	乙巳	柳	满火	二	廿一	丙子	翼	成水
28	四	廿一	丁未	井	破水	日	廿三	戊寅	星	建土	日	廿一	丙午	星	平水	三	廿二	丁丑	轸	收水
29	五	廿二	戊申	鬼	危土						一	廿二	丁未	张	定水	四	廿三	戊寅	角	开土
30	六	廿三	己酉	柳	成土						二	廿三	戊申	翼	执土	五	廿四	己卯	亢	闭土
31	日	廿四	庚戌	星	收金						三	廿四	己酉	轸	破土					

节气

1月	2月	3月	4月
小寒:5日亥时	立春:4日巳时	惊蛰:6日寅时	清明:5日辰时
大寒:20日申时	雨水:19日卯时	春分:21日寅时	谷雨:20日申时

月干支:十一月庚子　十二月辛丑　正月壬寅　二月癸卯

公元 2027 年 农历 丁未(羊)年 太岁缪丙 九星九紫

公历	5月 星期	农历	干支	星宿	五行	6月 星期	农历	干支	星宿	五行	7月 星期	农历	干支	星宿	五行	8月 星期	农历	干支	星宿	五行
1	六	廿五	庚辰	氐	建金	二	廿七	辛亥	尾	破木	四	廿七	辛巳	斗	闭金	日	廿九	壬子	虚	执木
2	日	廿六	辛巳	房	除金	三	廿八	壬子	箕	危木	五	廿八	壬午	牛	建木	一	七月	癸丑	危	破木
3	一	廿七	壬午	心	满水	四	廿九	癸丑	斗	成水	六	廿九	癸未	女	除水	二	初二	甲寅	室	危水
4	二	廿八	癸未	尾	平水	五	三十	甲寅	牛	收水	日	六月	甲申	虚	满水	三	初三	乙卯	壁	成水
5	三	廿九	甲申	箕	定水	六	五月	乙卯	女	开水	一	初二	乙酉	危	平水	四	初四	丙辰	奎	收土
6	四	四月	乙酉	斗	执水	日	初二	丙辰	虚	开土	二	初三	丙戌	室	定土	五	初五	丁巳	娄	开土
7	五	初二	丙戌	牛	执土	一	初三	丁巳	危	闭土	三	初四	丁亥	壁	定土	六	初六	戊午	胃	闭火
8	六	初三	丁亥	女	破土	二	初四	戊午	室	建火	四	初五	戊子	奎	执火	日	初七	己未	昴	闭火
9	日	初四	戊子	虚	危火	三	初五	己未	壁	除火	五	初六	己丑	娄	破火	一	初八	庚申	毕	建木
10	一	初五	己丑	危	成火	四	初六	庚申	奎	满木	六	初七	庚寅	胃	危木	二	初九	辛酉	觜	除木
11	二	初六	庚寅	室	收金	五	初七	辛酉	娄	平金	日	初八	辛卯	昴	成木	三	初十	壬戌	参	满水
12	三	初七	辛卯	壁	开金	六	初八	壬戌	胃	定金	一	初九	壬辰	毕	收水	四	十一	癸亥	井	平水
13	四	初八	壬辰	奎	闭水	日	初九	癸亥	昴	执水	二	初十	癸巳	觜	开水	五	十二	甲子	鬼	定金
14	五	初九	癸巳	娄	建水	一	初十	甲子	毕	破金	三	十一	甲午	参	闭金	六	十三	乙丑	柳	执金
15	六	初十	甲午	胃	除金	二	十一	乙丑	觜	危金	四	十二	乙未	井	建金	日	十四	丙寅	星	破火
16	日	十一	乙未	昴	满金	三	十二	丙寅	参	成火	五	十三	丙申	鬼	除火	一	十五	丁卯	张	危火
17	一	十二	丙申	毕	平火	四	十三	丁卯	井	收火	六	十四	丁酉	柳	满火	二	十六	戊辰	翼	成木
18	二	十三	丁酉	觜	定火	五	十四	戊辰	鬼	开木	日	十五	戊戌	星	平木	三	十七	己巳	轸	收木
19	三	十四	戊戌	参	执木	六	十五	己巳	柳	闭木	一	十六	己亥	张	定木	四	十八	庚午	角	开土
20	四	十五	己亥	井	破木	日	十六	庚午	星	建土	二	十七	庚子	翼	执土	五	十九	辛未	亢	闭土
21	五	十六	庚子	鬼	危土	一	十七	辛未	张	除土	三	十八	辛丑	轸	破土	六	二十	壬申	氐	建金
22	六	十七	辛丑	柳	成土	二	十八	壬申	翼	满金	四	十九	壬寅	角	危金	日	廿一	癸酉	房	除金
23	日	十八	壬寅	星	收金	三	十九	癸酉	轸	平金	五	二十	癸卯	亢	成金	一	廿二	甲戌	心	满火
24	一	十九	癸卯	张	开金	四	二十	甲戌	角	定火	六	廿一	甲辰	氐	收火	二	廿三	乙亥	尾	平火
25	二	二十	甲辰	翼	闭火	五	廿一	乙亥	亢	执火	日	廿二	乙巳	房	开火	三	廿四	丙子	箕	定水
26	三	廿一	乙巳	轸	建火	六	廿二	丙子	氐	破水	一	廿三	丙午	心	闭水	四	廿五	丁丑	斗	执水
27	四	廿二	丙午	角	除水	日	廿三	丁丑	房	危水	二	廿四	丁未	尾	建水	五	廿六	戊寅	牛	破土
28	五	廿三	丁未	亢	满水	一	廿四	戊寅	心	成土	三	廿五	戊申	箕	除土	六	廿七	己卯	女	危土
29	六	廿四	戊申	氐	平土	二	廿五	己卯	尾	收土	四	廿六	己酉	斗	满土	日	廿八	庚辰	虚	成金
30	日	廿五	己酉	房	定土	三	廿六	庚辰	箕	开金	五	廿七	庚戌	牛	平金	一	廿九	辛巳	危	收金
31	一	廿六	庚戌	心	执金						六	廿八	辛亥	女	定金	二	三十	壬午	室	开木

节气	5月	6月	7月	8月
	立夏:6日丑时	芒种:6日卯时	小暑:7日申时	立秋:8日丑时
	小满:21日未时	夏至:21日亥时	大暑:23日巳时	处暑:23日申时

月干支:三月甲辰　四月乙巳　五月丙午　六月丁未　七月戊申

公元 2027 年

农历 丁未(羊)年 太岁缪丙 九星九紫

公历	9月 星期	农历	干支	星宿	五行	10月 星期	农历	干支	星宿	五行	11月 星期	农历	干支	星宿	五行	12月 星期	农历	干支	星宿	五行
1	三	八月	癸未	壁	闭木	五	初二	癸丑	娄	定木	一	初四	甲申	毕	开水	三	初四	甲寅	参	平水
2	四	初二	甲申	奎	建水	六	初三	甲寅	胃	执水	二	初五	乙酉	觜	闭水	四	初五	乙卯	井	定水
3	五	初三	乙酉	娄	除水	日	初四	乙卯	昴	破水	三	初六	丙戌	参	建土	五	初六	丙辰	鬼	执土
4	六	初四	丙戌	胃	满土	一	初五	丙辰	毕	危土	四	初七	丁亥	井	除土	六	初七	丁巳	柳	破土
5	日	初五	丁亥	昴	平土	二	初六	丁巳	觜	成土	五	初八	戊子	鬼	满火	日	初八	戊午	星	危火
6	一	初六	戊子	毕	定火	三	初七	戊午	参	收火	六	初九	己丑	柳	平火	一	初九	己未	张	成火
7	二	初七	己丑	觜	执火	四	初八	己未	井	开火	日	初十	庚寅	星	平木	二	初十	庚申	翼	成木
8	三	初八	庚寅	参	执木	五	初九	庚申	鬼	开木	一	十一	辛卯	张	定木	三	十一	辛酉	轸	收木
9	四	初九	辛卯	井	破木	六	初十	辛酉	柳	闭木	二	十二	壬辰	翼	执水	四	十二	壬戌	角	开水
10	五	初十	壬辰	鬼	危水	日	十一	壬戌	星	建水	三	十三	癸巳	轸	破水	五	十三	癸亥	亢	闭水
11	六	十一	癸巳	柳	成水	一	十二	癸亥	张	除水	四	十四	甲午	角	危金	六	十四	甲子	氐	建金
12	日	十二	甲午	星	收金	二	十三	甲子	翼	满金	五	十五	乙未	亢	成金	日	十五	乙丑	房	除金
13	一	十三	乙未	张	开金	三	十四	乙丑	轸	平金	六	十六	丙申	氐	收火	一	十六	丙寅	心	满火
14	二	十四	丙申	翼	闭火	四	十五	丙寅	角	定火	日	十七	丁酉	房	开火	二	十七	丁卯	尾	平火
15	三	十五	丁酉	轸	建火	五	十六	丁卯	亢	执火	一	十八	戊戌	心	闭木	三	十八	戊辰	箕	定木
16	四	十六	戊戌	角	除木	六	十七	戊辰	氐	破木	二	十九	己亥	尾	建木	四	十九	己巳	斗	执木
17	五	十七	己亥	亢	满木	日	十八	己巳	房	危木	三	二十	庚子	箕	除土	五	二十	庚午	牛	破土
18	六	十八	庚子	氐	平土	一	十九	庚午	心	成土	四	廿一	辛丑	斗	满土	六	廿一	辛未	女	危土
19	日	十九	辛丑	房	定土	二	二十	辛未	尾	收土	五	廿二	壬寅	牛	平金	日	廿二	壬申	虚	成金
20	一	二十	壬寅	心	执金	三	廿一	壬申	箕	开金	六	廿三	癸卯	女	定金	一	廿三	癸酉	危	收金
21	二	廿一	癸卯	尾	破金	四	廿二	癸酉	斗	闭金	日	廿四	甲辰	虚	执火	二	廿四	甲戌	室	开火
22	三	廿二	甲辰	箕	危火	五	廿三	甲戌	牛	建火	一	廿五	乙巳	危	破火	三	廿五	乙亥	壁	闭火
23	四	廿三	乙巳	斗	成火	六	廿四	乙亥	女	除火	二	廿六	丙午	室	危水	四	廿六	丙子	奎	建水
24	五	廿四	丙午	牛	收水	日	廿五	丙子	虚	满水	三	廿七	丁未	壁	成水	五	廿七	丁丑	娄	除水
25	六	廿五	丁未	女	开水	一	廿六	丁丑	危	平水	四	廿八	戊申	奎	收土	六	廿八	戊寅	胃	满土
26	日	廿六	戊申	虚	闭土	二	廿七	戊寅	室	定土	五	廿九	己酉	娄	开土	日	廿九	己卯	昴	平土
27	一	廿七	己酉	危	建土	三	廿八	己卯	壁	执土	六	三十	庚戌	胃	闭金	一	三十	庚辰	毕	定金
28	二	廿八	庚戌	室	除金	四	廿九	庚辰	奎	破金	日	十一月	辛亥	昴	建金	二	十二月	辛巳	觜	执金
29	三	廿九	辛亥	壁	满金	五	十月	辛巳	娄	危金	一	初二	壬子	毕	除木	三	初二	壬午	参	破木
30	四	九月	壬子	奎	平木	六	初二	壬午	胃	成木	二	初三	癸丑	觜	满木	四	初三	癸未	井	危木
31						日	初三	癸未	昴	收水						五	初四	甲申	鬼	成水

节气	白露:8日寅时　秋分:23日未时	寒露:8日戌时　霜降:23日夜子	立冬:7日夜子　小雪:22日亥时	大雪:7日申时　冬至:22日巳时

月干支：八月己酉　九月庚戌　十月辛亥　十一月壬子　十二月癸丑

八、附录

183

金传达文集 七 民间寿庆文化通书

公元 2028 年

农历　丁未(羊)年　　太岁缪丙　九星九紫
　　　戊申(猴)年(闰五月)　太岁俞志　九星八白

公历	1月 星期	农历	干支	星宿	五行	2月 星期	农历	干支	星宿	五行	3月 星期	农历	干支	星宿	五行	4月 星期	农历	干支	星宿	五行
1	六	初五	乙酉	柳	收水	二	初七	丙辰	翼	平土	三	初六	乙酉	轸	危水	六	初七	丙辰	氐	除土
2	日	初六	丙戌	星	开土	三	初八	丁巳	轸	定土	四	初七	丙戌	角	成土	日	初八	丁巳	房	满土
3	一	初七	丁亥	张	闭土	四	初九	戊午	角	执火	五	初八	丁亥	亢	收火	一	初九	戊午	心	平火
4	二	初八	戊子	翼	建土	五	初十	己未	亢	执火	六	初九	戊子	氐	开火	二	初十	己未	尾	平火
5	三	初九	己丑	轸	除火	六	十一	庚申	氐	破木	日	初十	己丑	房	开火	三	十一	庚申	箕	定木
6	四	初十	庚寅	角	除木	日	十二	辛酉	房	危木	一	十一	庚寅	心	闭木	四	十二	辛酉	斗	执木
7	五	十一	辛卯	亢	满木	一	十三	壬戌	心	成水	二	十二	辛卯	尾	建木	五	十三	壬戌	牛	破水
8	六	十二	壬辰	氐	平水	二	十四	癸亥	尾	收水	三	十三	壬辰	箕	除水	六	十四	癸亥	女	危水
9	日	十三	癸巳	房	定水	三	十五	甲子	箕	开金	四	十四	癸巳	斗	满水	日	十五	甲子	虚	成金
10	一	十四	甲午	心	执金	四	十六	乙丑	斗	闭金	五	十五	甲午	牛	平金	一	十六	乙丑	危	收金
11	二	十五	乙未	尾	破火	五	十七	丙寅	牛	建火	六	十六	乙未	女	定金	二	十七	丙寅	室	开火
12	三	十六	丙申	箕	危水	六	十八	丁卯	女	除火	日	十七	丙申	虚	执火	三	十八	丁卯	壁	闭火
13	四	十七	丁酉	斗	成火	日	十九	戊辰	虚	满土	一	十八	丁酉	危	破火	四	十九	戊辰	奎	建木
14	五	十八	戊戌	牛	收木	一	二十	己巳	危	平土	二	十九	戊戌	室	危木	五	二十	己巳	娄	除木
15	六	十九	己亥	女	开木	二	廿一	庚午	室	定土	三	二十	己亥	壁	成木	六	廿一	庚午	胃	满土
16	日	二十	庚子	虚	闭土	三	廿二	辛未	壁	执土	四	廿一	庚子	奎	收土	日	廿二	辛未	昴	平土
17	一	廿一	辛丑	危	建土	四	廿三	壬申	奎	破金	五	廿二	辛丑	娄	开土	一	廿三	壬申	毕	定金
18	二	廿二	壬寅	室	除金	五	廿四	癸酉	娄	危金	六	廿三	壬寅	胃	闭金	二	廿四	癸酉	觜	执金
19	三	廿三	癸卯	壁	满金	六	廿五	甲戌	胃	成火	日	廿四	癸卯	昴	建金	三	廿五	甲戌	参	破火
20	四	廿四	甲辰	奎	平火	日	廿六	乙亥	昴	收火	一	廿五	甲辰	毕	除火	四	廿六	乙亥	井	危火
21	五	廿五	乙巳	娄	定火	一	廿七	丙子	毕	开水	二	廿六	乙巳	觜	满火	五	廿七	丙子	鬼	成水
22	六	廿六	丙午	胃	执水	二	廿八	丁丑	觜	闭水	三	廿七	丙午	参	平水	六	廿八	丁丑	柳	收水
23	日	廿七	丁未	昴	破水	三	廿九	戊寅	参	建土	四	廿八	丁未	井	定水	日	廿九	戊寅	星	开土
24	一	廿八	戊申	毕	危土	四	三十	己卯	井	除土	五	廿九	戊申	鬼	执土	一	三十	己卯	张	闭土
25	二	廿九	己酉	觜	成土	五	**二月**	庚辰	鬼	满金	六	三十	己酉	柳	破土	二	**四月**	庚辰	翼	建金
26	三	**正月**	庚戌	参	收金	六	初二	辛巳	柳	平金	日	**三月**	庚戌	星	危金	三	初二	辛巳	轸	除金
27	四	初二	辛亥	井	开金	日	初三	壬午	星	定木	一	初二	辛亥	张	成金	四	初三	壬午	角	满木
28	五	初三	壬子	鬼	闭木	一	初四	癸未	张	执木	二	初三	壬子	翼	收木	五	初四	癸未	亢	平木
29	六	初四	癸丑	柳	建木	二	初五	甲申	翼	破水	三	初四	癸丑	轸	开木	六	初五	甲申	氐	定水
30	日	初五	甲寅	星	除水						四	初五	甲寅	角	闭水	日	初六	乙酉	房	执水
31	一	初六	乙卯	张	满水						五	初六	乙卯	亢	建水					

节气	小寒:6日寅时　大寒:20日亥时	立春:4日申时　雨水:19日午时	惊蛰:5日巳时　春分:20日巳时	清明:4日未时　谷雨:19日亥时

月干支:　正月甲寅　　二月乙卯　　三月丙辰　　四月丁巳

公元 2028 年

农历 戊申(猴)年(闰五月)　太岁俞志　九星八白

公历	5月 星期	农历	干支	星宿	五行	6月 星期	农历	干支	星宿	五行	7月 星期	农历	干支	星宿	五行	8月 星期	农历	干支	星宿	五行
1	一	初七	丙戌	心	破土	四	初九	丁巳	斗	建土	六	初九	丁亥	女	执土	二	十一	戊午	室	闭火
2	二	初八	丁亥	尾	危土	五	初十	戊午	牛	除火	日	初十	戊子	虚	破火	三	十二	己未	壁	建火
3	三	初九	戊子	箕	成火	六	十一	己未	女	满火	一	十一	己丑	危	危火	四	十三	庚申	奎	除木
4	四	初十	己丑	斗	收火	日	十二	庚申	虚	平木	二	十二	庚寅	室	成木	五	十四	辛酉	娄	满木
5	五	十一	庚寅	牛	收木	一	十三	辛酉	危	平木	三	十三	辛卯	壁	收木	六	十五	壬戌	胃	平水
6	六	十二	辛卯	女	开木	二	十四	壬戌	室	定水	四	十四	壬辰	奎	收水	日	十六	癸亥	昴	定水
7	日	十三	壬辰	虚	闭水	三	十五	癸亥	壁	执水	五	十五	癸巳	娄	开水	一	十七	甲子	毕	定金
8	一	十四	癸巳	危	建水	四	十六	甲子	奎	破金	六	十六	甲午	胃	闭金	二	十八	乙丑	觜	执金
9	二	十五	甲午	室	除金	五	十七	乙丑	娄	危金	日	十七	乙未	昴	建金	三	十九	丙寅	参	破火
10	三	十六	乙未	壁	满金	六	十八	丙寅	胃	成火	一	十八	丙申	毕	除火	四	二十	丁卯	井	危火
11	四	十七	丙申	奎	平火	日	十九	丁卯	昴	收火	二	十九	丁酉	觜	满火	五	廿一	戊辰	鬼	成木
12	五	十八	丁酉	娄	定火	一	二十	戊辰	毕	开木	三	二十	戊戌	参	平木	六	廿二	己巳	柳	收木
13	六	十九	戊戌	胃	执木	二	廿一	己巳	觜	闭木	四	廿一	己亥	井	定木	日	廿三	庚午	星	开土
14	日	二十	己亥	昴	破木	三	廿二	庚午	参	建土	五	廿二	庚子	鬼	执土	一	廿四	辛未	张	闭土
15	一	廿一	庚子	毕	危土	四	廿三	辛未	井	除土	六	廿三	辛丑	柳	破土	二	廿五	壬申	翼	建金
16	二	廿二	辛丑	觜	成土	五	廿四	壬申	鬼	满金	日	廿四	壬寅	星	危金	三	廿六	癸酉	轸	除金
17	三	廿三	壬寅	参	收金	六	廿五	癸酉	柳	平金	一	廿五	癸卯	张	成金	四	廿七	甲戌	角	满火
18	四	廿四	癸卯	井	开金	日	廿六	甲戌	星	定火	二	廿六	甲辰	翼	收火	五	廿八	乙亥	亢	平火
19	五	廿五	甲辰	鬼	闭火	一	廿七	乙亥	张	执火	三	廿七	乙巳	轸	开火	六	廿九	丙子	氐	定水
20	六	廿六	乙巳	柳	建火	二	廿八	丙子	翼	破水	四	廿八	丙午	角	闭水	日	七月	丁丑	房	执水
21	日	廿七	丙午	星	除水	三	廿九	丁丑	轸	危水	五	廿九	丁未	亢	建水	一	初二	戊寅	心	破土
22	一	廿八	丁未	张	满水	四	三十	戊寅	角	成土	六	六月	戊申	氐	除土	二	初三	己卯	尾	危土
23	二	廿九	戊申	翼	平土	五	闰五	己卯	亢	收土	日	初二	己酉	房	满土	三	初四	庚辰	箕	成金
24	三	五月	己酉	轸	定土	六	初二	庚辰	氐	开金	一	初三	庚戌	心	平金	四	初五	辛巳	斗	收金
25	四	初二	庚戌	角	执金	日	初三	辛巳	房	闭金	二	初四	辛亥	尾	定金	五	初六	壬午	牛	开木
26	五	初三	辛亥	亢	破金	一	初四	壬午	心	建木	三	初五	壬子	箕	执木	六	初七	癸未	女	闭木
27	六	初四	壬子	氐	危木	二	初五	癸未	尾	除木	四	初六	癸丑	斗	破木	日	初八	甲申	虚	建水
28	日	初五	癸丑	房	成木	三	初六	甲申	箕	满水	五	初七	甲寅	牛	危水	一	初九	乙酉	危	除水
29	一	初六	甲寅	心	收水	四	初七	乙酉	斗	平水	六	初八	乙卯	女	成水	二	初十	丙戌	室	满土
30	二	初七	乙卯	尾	开水	五	初八	丙戌	牛	定土	日	初九	丙辰	虚	收土	三	十一	丁亥	壁	平土
31	三	初八	丙辰	箕	闭土						一	初十	丁巳	危	开土	四	十二	戊子	奎	定火

节气	立夏:5日辰时　小满:20日戌时	芒种:5日午时　夏至:21日寅时	小暑:6日亥时　大暑:22日未时	立秋:7日辰时　处暑:22日亥时

月干支：五月戊午　闰五月戊午　六月己未　七月庚申

八、附录

185

公元 2028 年

农历 戊申(猴)年(闰五月) 太岁俞志 九星八白

公历	9月 星期	农历	干支	星宿	五行	10月 星期	农历	干支	星宿	五行	11月 星期	农历	干支	星宿	五行	12月 星期	农历	干支	星宿	五行
1	五	十三	己丑	娄	执火	日	十三	己未	昴	开火	三	十五	庚寅	参	定木	五	十六	庚申	鬼	收木
2	六	十四	庚寅	胃	破木	一	十四	庚申	毕	闭木	四	十六	辛卯	井	执木	六	十七	辛酉	柳	开木
3	日	十五	辛卯	昴	危木	二	十五	辛酉	觜	建木	五	十七	壬辰	鬼	破水	日	十八	壬戌	星	闭水
4	一	十六	壬辰	毕	成水	三	十六	壬戌	参	除水	六	十八	癸巳	柳	危金	一	十九	癸亥	张	建金
5	二	十七	癸巳	觜	收水	四	十七	癸亥	井	满水	日	十九	甲午	星	成金	二	二十	甲子	翼	除金
6	三	十八	甲午	参	开金	五	十八	甲子	鬼	平金	一	二十	乙未	张	收金	三	廿一	乙丑	轸	满金
7	四	十九	乙未	井	开金	六	十九	乙丑	柳	定金	二	廿一	丙申	翼	收火	四	廿二	丙寅	角	满火
8	五	二十	丙申	鬼	闭火	日	二十	丙寅	星	定火	三	廿二	丁酉	轸	开火	五	廿三	丁卯	亢	平火
9	六	廿一	丁酉	柳	建火	一	廿一	丁卯	张	执火	四	廿三	戊戌	角	闭木	六	廿四	戊辰	氐	定木
10	日	廿二	戊戌	星	除木	二	廿二	戊辰	翼	破木	五	廿四	己亥	亢	建木	日	廿五	己巳	房	执木
11	一	廿三	己亥	张	满木	三	廿三	己巳	轸	危土	六	廿五	庚子	氐	除土	一	廿六	庚午	心	破土
12	二	廿四	庚子	翼	平土	四	廿四	庚午	角	成土	日	廿六	辛丑	房	满土	二	廿七	辛未	尾	危土
13	三	廿五	辛丑	轸	定土	五	廿五	辛未	亢	收土	一	廿七	壬寅	心	平金	三	廿八	壬申	箕	成金
14	四	廿六	壬寅	角	执金	六	廿六	壬申	氐	开金	二	廿八	癸卯	尾	定金	四	廿九	癸酉	斗	收金
15	五	廿七	癸卯	亢	破金	日	廿七	癸酉	房	闭金	三	廿九	甲辰	箕	执火	五	三十	甲戌	牛	开火
16	六	廿八	甲辰	氐	危火	一	廿八	甲戌	心	建火	四	十月	乙巳	斗	破火	六	十一	乙亥	女	闭火
17	日	廿九	乙巳	房	成火	二	廿九	乙亥	尾	除火	五	初二	丙午	牛	危水	日	初二	丙子	虚	建水
18	一	三十	丙午	心	收水	三	九月	丙子	箕	满水	六	初三	丁未	女	成水	一	初三	丁丑	危	除水
19	二	八月	丁未	尾	开水	四	初二	丁丑	斗	平水	日	初四	戊申	虚	收土	二	初四	戊寅	室	满土
20	三	初二	戊申	箕	闭土	五	初三	戊寅	牛	定土	一	初五	己酉	危	开土	三	初五	己卯	壁	平土
21	四	初三	己酉	斗	建土	六	初四	己卯	女	执土	二	初六	庚戌	室	闭金	四	初六	庚辰	奎	定金
22	五	初四	庚戌	牛	除金	日	初五	庚辰	虚	破金	三	初七	辛亥	壁	建金	五	初七	辛巳	娄	执金
23	六	初五	辛亥	女	满金	一	初六	辛巳	危	危金	四	初八	壬子	奎	除木	六	初八	壬午	胃	破木
24	日	初六	壬子	虚	平木	二	初七	壬午	室	成木	五	初九	癸丑	娄	满木	日	初九	癸未	昴	危木
25	一	初七	癸丑	危	定木	三	初八	癸未	壁	收木	六	初十	甲寅	胃	平水	一	初十	甲申	毕	成水
26	二	初八	甲寅	室	执水	四	初九	甲申	奎	开水	日	十一	乙卯	昴	定水	二	十一	乙酉	觜	收水
27	三	初九	乙卯	壁	破水	五	初十	乙酉	娄	闭水	一	十二	丙辰	毕	执土	三	十二	丙戌	参	开土
28	四	初十	丙辰	奎	危土	六	十一	丙戌	胃	建土	二	十三	丁巳	觜	破土	四	十三	丁亥	井	闭土
29	五	十一	丁巳	娄	成土	日	十二	丁亥	昴	除土	三	十四	戊午	参	危火	五	十四	戊子	鬼	建火
30	六	十二	戊午	胃	收火	一	十三	戊子	毕	满火	四	十五	己未	井	成火	六	十五	己丑	柳	除火
31						二	十四	己丑	觜	平火						日	十六	庚寅	星	满木

节气

	9月	10月	11月	12月
	白露:7日巳时	寒露:8日丑时	立冬:7日卯时	大雪:6日亥时
	秋分:22日戌时	霜降:23日卯时	小雪:22日丑时	冬至:21日申时

月干支:八月辛酉　九月壬戌　十月癸亥　十一月甲子

公元 2029 年

农历 戊申(猴)年 太岁俞志 九星八白
己酉(鸡)年 太岁程寅 九星七赤

公历	1 月 星期	农历	干支	星宿	五行	2 月 星期	农历	干支	星宿	五行	3 月 星期	农历	干支	星宿	五行	4 月 星期	农历	干支	星宿	五行
1	一	十七	辛卯	张	平木	四	十八	壬戌	角	收水	四	十七	庚寅	角	建木	日	十八	辛酉	房	破木
2	二	十八	壬辰	翼	定水	五	十九	癸亥	亢	开水	五	十八	辛卯	亢	除木	一	十九	壬戌	心	危水
3	三	十九	癸巳	轸	执水	六	二十	甲子	氐	开金	六	十九	壬辰	氐	满水	二	二十	癸亥	尾	成水
4	四	二十	甲午	角	破金	日	廿一	乙丑	房	闭金	日	二十	癸巳	房	平水	三	廿一	甲子	箕	成金
5	五	廿一	乙未	亢	破金	一	廿二	丙寅	心	建火	一	廿一	甲午	心	平金	四	廿二	乙丑	斗	收金
6	六	廿二	丙申	氐	危火	二	廿三	丁卯	尾	除火	二	廿二	乙未	尾	定金	五	廿三	丙寅	牛	开火
7	日	廿三	丁酉	房	成火	三	廿四	戊辰	箕	满木	三	廿三	丙申	箕	执火	六	廿四	丁卯	女	闭火
8	一	廿四	戊戌	心	收木	四	廿五	己巳	斗	平木	四	廿四	丁酉	斗	破火	日	廿五	戊辰	虚	建木
9	二	廿五	己亥	尾	开木	五	廿六	庚午	牛	定土	五	廿五	戊戌	牛	危木	一	廿六	己巳	危	除木
10	三	廿六	庚子	箕	闭土	六	廿七	辛未	女	执土	六	廿六	己亥	女	成木	二	廿七	庚午	室	满土
11	四	廿七	辛丑	斗	建土	日	廿八	壬申	虚	破金	日	廿七	庚子	虚	收土	三	廿八	辛未	壁	平土
12	五	廿八	壬寅	牛	除金	一	廿九	癸酉	危	危金	一	廿八	辛丑	危	开土	四	廿九	壬申	奎	定金
13	六	廿九	癸卯	女	满金	二	正月	甲戌	室	成火	二	廿九	壬寅	室	闭金	五	三十	癸酉	娄	执金
14	日	三十	甲辰	虚	平火	三	初二	乙亥	壁	收火	三	三十	癸卯	壁	建金	六	三月	甲戌	胃	破火
15	一	十二	乙巳	危	定火	四	初三	丙子	奎	开水	四	二月	甲辰	奎	除火	日	初二	乙亥	昴	危火
16	二	初二	丙午	室	执水	五	初四	丁丑	娄	闭水	五	初二	乙巳	娄	满火	一	初三	丙子	毕	成水
17	三	初三	丁未	壁	破水	六	初五	戊寅	胃	建土	六	初三	丙午	胃	平水	二	初四	丁丑	觜	收水
18	四	初四	戊申	奎	危土	日	初六	己卯	昴	除土	日	初四	丁未	昴	定水	三	初五	戊寅	参	开土
19	五	初五	己酉	娄	成土	一	初七	庚辰	毕	满金	一	初五	戊申	毕	执土	四	初六	己卯	井	闭土
20	六	初六	庚戌	胃	收金	二	初八	辛巳	觜	平金	二	初六	己酉	觜	破土	五	初七	庚辰	鬼	建金
21	日	初七	辛亥	昴	开金	三	初九	壬午	参	定木	三	初七	庚戌	参	危金	六	初八	辛巳	柳	除金
22	一	初八	壬子	毕	闭木	四	初十	癸未	井	执木	四	初八	辛亥	井	成金	日	初九	壬午	星	满木
23	二	初九	癸丑	觜	建木	五	十一	甲申	鬼	破水	五	初九	壬子	鬼	收木	一	初十	癸未	张	平木
24	三	初十	甲寅	参	除水	六	十二	乙酉	柳	危水	六	初十	癸丑	柳	开木	二	十一	甲申	翼	定水
25	四	十一	乙卯	井	满水	日	十三	丙戌	星	成土	日	十一	甲寅	星	闭水	三	十二	乙酉	轸	执水
26	五	十二	丙辰	鬼	平土	一	十四	丁亥	张	收土	一	十二	乙卯	张	建水	四	十三	丙戌	角	破土
27	六	十三	丁巳	柳	定土	二	十五	戊子	翼	开火	二	十三	丙辰	翼	除土	五	十四	丁亥	亢	危土
28	日	十四	戊午	星	执火	三	十六	己丑	轸	闭火	三	十四	丁巳	轸	满土	六	十五	戊子	氐	成火
29	一	十五	己未	张	破火						四	十五	戊午	角	平火	日	十六	己丑	房	收火
30	二	十六	庚申	翼	危木						五	十六	己未	亢	定火	一	十七	庚寅	心	开木
31	三	十七	辛酉	轸	成木						六	十七	庚申	氐	执木					

节气			
小寒:5日巳时	立春:3日亥时	惊蛰:5日申时	清明:4日戌时
大寒:20日寅时	雨水:18日酉时	春分:20日申时	谷雨:20日丑时

月干支:十二月乙丑　正月丙寅　二月丁卯　三月戊辰

八、附录

公元 2029 年

农历 己酉(鸡)年　太岁程寅　九星七赤

公历	5 月 星期	农历	干支	星宿	五行	6 月 星期	农历	干支	星宿	五行	7 月 星期	农历	干支	星宿	五行	8 月 星期	农历	干支	星宿	五行
1	二	二八	辛卯	尾	闭木	五	二十	壬戌	牛	执水	日	二十	壬辰	虚	开水	三	廿二	癸亥	壁	定水
2	三	二九	壬辰	箕	建水	六	廿一	癸亥	女	破水	一	廿一	癸巳	危	闭水	四	廿三	甲子	奎	执金
3	四	二十	癸巳	斗	除水	日	廿二	甲子	虚	危金	二	廿二	甲午	室	建金	五	廿四	乙丑	娄	破金
4	五	廿一	甲午	牛	满金	一	廿三	乙丑	危	成金	三	廿三	乙未	壁	除金	六	廿五	丙寅	胃	危火
5	六	廿二	乙未	女	满金	二	廿四	丙寅	室	成火	四	廿四	丙申	奎	满火	日	廿六	丁卯	昴	成火
6	日	廿三	丙申	虚	平火	三	廿五	丁卯	壁	收火	五	廿五	丁酉	娄	平火	一	廿七	戊辰	毕	收木
7	一	廿四	丁酉	危	定火	四	廿六	戊辰	奎	开木	六	廿六	戊戌	胃	平木	二	廿八	己巳	觜	收木
8	二	廿五	戊戌	室	执木	五	廿七	己巳	娄	闭木	日	廿七	己亥	昴	定木	三	廿九	庚午	参	开土
9	三	廿六	己亥	壁	破木	六	廿八	庚午	胃	建土	一	廿八	庚子	毕	执土	四	三十	辛未	井	闭土
10	四	廿七	庚子	奎	危土	日	廿九	辛未	昴	除土	二	廿九	辛丑	觜	破土	五	七月	壬申	鬼	建金
11	五	廿八	辛丑	娄	成土	一	三十	壬申	毕	满金	三	六月	壬寅	参	危金	六	初二	癸酉	柳	除金
12	六	廿九	壬寅	胃	收金	二	五月	癸酉	觜	平金	四	初二	癸卯	井	成金	日	初三	甲戌	星	满火
13	日	四月	癸卯	昴	开金	三	初二	甲戌	参	定火	五	初三	甲辰	鬼	收火	一	初四	乙亥	张	平火
14	一	初二	甲辰	毕	闭火	四	初三	乙亥	井	执火	六	初四	乙巳	柳	开火	二	初五	丙子	翼	定水
15	二	初三	乙巳	觜	建火	五	初四	丙子	鬼	破水	日	初五	丙午	星	闭水	三	初六	丁丑	轸	执火
16	三	初四	丙午	参	除水	六	初五	丁丑	柳	危水	一	初六	丁未	张	建水	四	初七	戊寅	角	破土
17	四	初五	丁未	井	满水	日	初六	戊寅	星	成土	二	初七	戊申	翼	除土	五	初八	己卯	亢	危土
18	五	初六	戊申	鬼	平土	一	初七	己卯	张	收土	三	初八	己酉	轸	满土	六	初九	庚辰	氐	成金
19	六	初七	己酉	柳	定土	二	初八	庚辰	翼	开金	四	初九	庚戌	角	平金	日	初十	辛巳	房	收金
20	日	初八	庚戌	星	执金	三	初九	辛巳	轸	闭金	五	初十	辛亥	亢	定金	一	十一	壬午	心	开木
21	一	初九	辛亥	张	破金	四	初十	壬午	角	建木	六	十一	壬子	氐	执木	二	十二	癸未	尾	闭木
22	二	初十	壬子	翼	危木	五	十一	癸未	亢	除木	日	十二	癸丑	房	破木	三	十三	甲申	箕	建水
23	三	十一	癸丑	轸	成木	六	十二	甲申	氐	满水	一	十三	甲寅	心	危水	四	十四	乙酉	斗	除水
24	四	十二	甲寅	角	收水	日	十三	乙酉	房	平水	二	十四	乙卯	尾	成水	五	十五	丙戌	牛	满土
25	五	十三	乙卯	亢	开水	一	十四	丙戌	心	定土	三	十五	丙辰	箕	收土	六	十六	丁亥	女	平土
26	六	十四	丙辰	氐	闭土	二	十五	丁亥	尾	执土	四	十六	丁巳	斗	开土	日	十七	戊子	虚	定火
27	日	十五	丁巳	房	建土	三	十六	戊子	箕	破火	五	十七	戊午	牛	闭火	一	十八	己丑	危	执火
28	一	十六	戊午	心	除火	四	十七	己丑	斗	危火	六	十八	己未	女	建火	二	十九	庚寅	室	破木
29	二	十七	己未	尾	满火	五	十八	庚寅	牛	成木	日	十九	庚申	虚	除木	三	二十	辛卯	壁	危木
30	三	十八	庚申	箕	平木	六	十九	辛卯	女	收木	一	二十	辛酉	危	满木	四	廿一	壬辰	奎	成水
31	四	十九	辛酉	斗	定木						二	廿一	壬戌	室	平水	五	廿二	癸巳	娄	收水

节气				
立夏:5日未时	芒种:5日酉时	小暑:7日寅时	立秋:7日未时
小满:21日丑时	夏至:21日巳时	大暑:22日戌时	处暑:23日寅时

月干支：四月己巳　　五月庚午　　六月辛未　　七月壬申

公元 2029 年

农历 己酉(鸡)年　太岁程寅　九星七赤

公历	9 月 星期	农历	干支	星宿	五行	10 月 星期	农历	干支	星宿	五行	11 月 星期	农历	干支	星宿	五行	12 月 星期	农历	干支	星宿	五行
1	六	廿三	甲申	胃	开金	一	廿四	甲子	毕	平金	四	廿五	乙未	井	收金	六	廿六	乙丑	柳	满金
2	日	廿四	乙未	昴	闭金	二	廿五	乙丑	觜	定金	五	廿六	丙申	鬼	开火	日	廿七	丙寅	星	平火
3	一	廿五	丙申	毕	建火	三	廿六	丙寅	参	执火	六	廿七	丁酉	柳	闭火	一	廿八	丁卯	张	定火
4	二	廿六	丁酉	觜	除火	四	廿七	丁卯	井	破火	日	廿八	戊戌	星	建木	二	廿九	戊辰	翼	执木
5	三	廿七	戊戌	参	满木	五	廿八	戊辰	鬼	危木	一	廿九	己亥	张	除木	三	十一	己巳	轸	破木
6	四	廿八	己亥	井	平木	六	廿九	己巳	柳	成木	二	十月	庚子	翼	满土	四	初二	庚午	角	危土
7	五	廿九	庚子	鬼	平土	日	三十	庚午	星	收土	三	初二	辛丑	轸	满土	五	初三	辛未	亢	危土
8	六	八月	辛丑	柳	定土	一	九月	辛未	张	收土	四	初三	壬寅	角	平金	六	初四	壬申	氐	成金
9	日	初二	壬寅	星	执金	二	初二	壬申	翼	开金	五	初四	癸卯	亢	定金	日	初五	癸酉	房	收金
10	一	初三	癸卯	张	破金	三	初三	癸酉	轸	闭金	六	初五	甲辰	氐	执火	一	初六	甲戌	心	开火
11	二	初四	甲辰	翼	危火	四	初四	甲戌	角	建火	日	初六	乙巳	房	破火	二	初七	乙亥	尾	闭火
12	三	初五	乙巳	轸	成火	五	初五	乙亥	亢	除火	一	初七	丙午	心	危水	三	初八	丙子	箕	建水
13	四	初六	丙午	角	收水	六	初六	丙子	氐	满水	二	初八	丁未	尾	成水	四	初九	丁丑	斗	除水
14	五	初七	丁未	亢	开水	日	初七	丁丑	房	平水	三	初九	戊申	箕	收土	五	初十	戊寅	牛	满土
15	六	初八	戊申	氐	闭土	一	初八	戊寅	心	定土	四	初十	己酉	斗	开土	六	十一	己卯	女	平土
16	日	初九	己酉	房	建土	二	初九	己卯	尾	执土	五	十一	庚戌	牛	闭金	日	十二	庚辰	虚	定金
17	一	初十	庚戌	心	除金	三	初十	庚辰	箕	破金	六	十二	辛亥	女	建金	一	十三	辛巳	危	执金
18	二	十一	辛亥	尾	满金	四	十一	辛巳	斗	危金	日	十三	壬子	虚	除木	二	十四	壬午	室	破木
19	三	十二	壬子	箕	平木	五	十二	壬午	牛	成木	一	十四	癸丑	危	满木	三	十五	癸未	壁	危木
20	四	十三	癸丑	斗	定木	六	十三	癸未	女	收木	二	十五	甲寅	室	平水	四	十六	甲申	奎	成水
21	五	十四	甲寅	牛	执水	日	十四	甲申	虚	开水	三	十六	乙卯	壁	定水	五	十七	乙酉	娄	收水
22	六	十五	乙卯	女	破水	一	十五	乙酉	危	闭水	四	十七	丙辰	奎	执土	六	十八	丙戌	胃	开土
23	日	十六	丙辰	虚	危土	二	十六	丙戌	室	建土	五	十八	丁巳	娄	破土	日	十九	丁亥	昴	闭土
24	一	十七	丁巳	危	成土	三	十七	丁亥	壁	除土	六	十九	戊午	胃	危火	一	二十	戊子	毕	建火
25	二	十八	戊午	室	收火	四	十八	戊子	奎	满火	日	二十	己未	昴	成火	二	廿一	己丑	觜	除火
26	三	十九	己未	壁	开火	五	十九	己丑	娄	平火	一	廿一	庚申	毕	收木	三	廿二	庚寅	参	满木
27	四	二十	庚申	奎	闭木	六	二十	庚寅	胃	定木	二	廿二	辛酉	觜	开木	四	廿三	辛卯	井	平木
28	五	廿一	辛酉	娄	建木	日	廿一	辛卯	昴	执木	三	廿三	壬戌	参	闭水	五	廿四	壬辰	鬼	定水
29	六	廿二	壬戌	胃	除水	一	廿二	壬辰	毕	破水	四	廿四	癸亥	井	建水	六	廿五	癸巳	柳	执水
30	日	廿三	癸亥	昴	满水	二	廿三	癸巳	觜	危水	五	廿五	甲子	鬼	除金	日	廿六	甲午	星	破金
31						三	廿四	甲午	参	成金						一	廿七	乙未	张	危金
节气	白露:7日申时 秋分:23日丑时					寒露:8日辰时 霜降:23日午时					立冬:7日午时 小雪:22日辰时					大雪:7日寅时 冬至:21日亥时				

月干支: 八月癸酉　九月甲戌　十月乙亥　十一月丙子

金传达文集 七 民间寿庆文化通书

公元2030年

农历 己酉(鸡)年 太岁程寅 九星七赤
庚戌(狗)年 太岁化秋 九星六白

公历	1月 星期	农历	干支	星宿	五行	2月 星期	农历	干支	星宿	五行	3月 星期	农历	干支	星宿	五行	4月 星期	农历	干支	星宿	五行
1	二	廿八	丙申	翼	成火	五	廿九	丁卯	亢	满火	五	廿七	乙未	亢	执金	一	廿九	丙寅	心	闭火
2	三	廿九	丁酉	轸	收火	六	三十	戊辰	氐	平火	六	廿八	丙申	氐	破火	二	三十	丁卯	尾	建火
3	四	三十	戊戌	角	开木	日	正月	己巳	房	定木	日	廿九	丁酉	房	危火	三	三月	戊辰	箕	除木
4	五	十二	己亥	亢	闭木	一	初二	庚午	心	定土	一	二月	戊戌	心	成木	四	初二	己巳	斗	满木
5	六	初二	庚子	氐	闭土	二	初三	辛未	尾	执土	二	初二	己亥	尾	成木	五	初三	庚午	牛	满土
6	日	初三	辛丑	房	建土	三	初四	壬申	箕	破金	三	初三	庚子	箕	收土	六	初四	辛未	女	平土
7	一	初四	壬寅	心	除金	四	初五	癸酉	斗	危金	四	初四	辛丑	斗	开土	日	初五	壬申	虚	定金
8	二	初五	癸卯	尾	满金	五	初六	甲戌	牛	成火	五	初五	壬寅	牛	闭金	一	初六	癸酉	危	执金
9	三	初六	甲辰	箕	平火	六	初七	乙亥	女	收火	六	初六	癸卯	女	建金	二	初七	甲戌	室	破火
10	四	初七	乙巳	斗	定火	日	初八	丙子	虚	开水	日	初七	甲辰	虚	除火	三	初八	乙亥	壁	危火
11	五	初八	丙午	牛	执水	一	初九	丁丑	危	闭水	一	初八	乙巳	危	满火	四	初九	丙子	奎	成水
12	六	初九	丁未	女	破水	二	初十	戊寅	室	建土	二	初九	丙午	室	平火	五	初十	丁丑	娄	收火
13	日	初十	戊申	虚	危土	三	十一	己卯	壁	除土	三	初十	丁未	壁	定火	六	十一	戊寅	胃	开土
14	一	十一	己酉	危	成土	四	十二	庚辰	奎	满金	四	十一	戊申	奎	执土	日	十二	己卯	昴	闭土
15	二	十二	庚戌	室	收金	五	十三	辛巳	娄	平金	五	十二	己酉	娄	破土	一	十三	庚辰	毕	建金
16	三	十三	辛亥	壁	开金	六	十四	壬午	胃	定木	六	十三	庚戌	胃	危金	二	十四	辛巳	觜	除金
17	四	十四	壬子	奎	闭木	日	十五	癸未	昴	执木	日	十四	辛亥	昴	成金	三	十五	壬午	参	满木
18	五	十五	癸丑	娄	建木	一	十六	甲申	毕	破水	一	十五	壬子	毕	收木	四	十六	癸未	井	平木
19	六	十六	甲寅	胃	除水	二	十七	乙酉	觜	危水	二	十六	癸丑	觜	开水	五	十七	甲申	鬼	定水
20	日	十七	乙卯	昴	满水	三	十八	丙戌	参	成土	三	十七	甲寅	参	闭水	六	十八	乙酉	柳	执水
21	一	十八	丙辰	毕	平土	四	十九	丁亥	井	收土	四	十八	乙卯	井	建土	日	十九	丙戌	星	破土
22	二	十九	丁巳	觜	定土	五	二十	戊子	鬼	开火	五	十九	丙辰	鬼	除土	一	二十	丁亥	张	危土
23	三	二十	戊午	参	执火	六	廿一	己丑	柳	闭火	六	二十	丁巳	柳	满土	二	廿一	戊子	翼	成火
24	四	廿一	己未	井	破火	日	廿二	庚寅	星	建木	日	廿一	戊午	星	平火	三	廿二	己丑	轸	收火
25	五	廿二	庚申	鬼	危金	一	廿三	辛卯	张	除木	一	廿二	己未	张	定火	四	廿三	庚寅	角	开木
26	六	廿三	辛酉	柳	成木	二	廿四	壬辰	翼	满水	二	廿三	庚申	翼	执木	五	廿四	辛卯	亢	闭木
27	日	廿四	壬戌	星	收水	三	廿五	癸巳	轸	平水	三	廿四	辛酉	轸	破木	六	廿五	壬辰	氐	建水
28	一	廿五	癸亥	张	开水	四	廿六	甲午	角	定金	四	廿五	壬戌	角	危水	日	廿六	癸巳	房	除水
29	二	廿六	甲子	翼	闭金						五	廿六	癸亥	亢	成水	一	廿七	甲午	心	满金
30	三	廿七	乙丑	轸	建金						六	廿七	甲子	氐	收金	二	廿八	乙未	尾	平金
31	四	廿八	丙寅	角	除火						日	廿八	乙丑	房	开金					

节气			
小寒：5日申时	立春：4日寅时	惊蛰：5日亥时	清明：5日丑时
大寒：20日辰时	雨水：18日夜子	春分：20日亥时	谷雨：20日辰时

月干支：十二月丁丑　　正月戊寅　　二月己卯　　三月庚辰

公元 2030 年

农历 庚戌(狗)年 太岁化秋 九星六白

公历	5月 星期	农历	干支	星宿	五行	6月 星期	农历	干支	星宿	五行	7月 星期	农历	干支	星宿	五行	8月 星期	农历	干支	星宿	五行
1	三	廿九	丙申	箕	定火	六	五月	丁卯	女	开火	一	六月	丁酉	危	平火	四	初三	戊辰	奎	收木
2	四	四月	丁酉	斗	执火	日	初二	戊辰	虚	闭木	二	初二	戊戌	室	定木	五	初四	己巳	娄	开木
3	五	初二	戊戌	牛	破木	一	初三	己巳	危	建木	三	初三	己亥	壁	执木	六	初五	庚午	胃	闭土
4	六	初三	己亥	女	危木	二	初四	庚午	室	除土	四	初四	庚子	奎	破土	日	初六	辛未	昴	建土
5	日	初四	庚子	虚	危土	三	初五	辛未	壁	除土	五	初五	辛丑	娄	危土	一	初七	壬申	毕	除金
6	一	初五	辛丑	危	成土	四	初六	壬申	奎	满金	六	初六	壬寅	胃	成金	二	初八	癸酉	觜	满金
7	二	初六	壬寅	室	收金	五	初七	癸酉	娄	平金	日	初七	癸卯	昴	成金	三	初九	甲戌	参	满火
8	三	初七	癸卯	壁	开金	六	初八	甲戌	胃	定火	一	初八	甲辰	毕	收木	四	初十	乙亥	井	平火
9	四	初八	甲辰	奎	闭火	日	初九	乙亥	昴	执火	二	初九	乙巳	觜	开火	五	十一	丙子	鬼	定水
10	五	初九	乙巳	娄	建火	一	初十	丙子	毕	破水	三	初十	丙午	参	闭水	六	十二	丁丑	柳	执水
11	六	初十	丙午	胃	除水	二	十一	丁丑	觜	危水	四	十一	丁未	井	建水	日	十三	戊寅	星	破土
12	日	十一	丁未	昴	满水	三	十二	戊寅	参	成土	五	十二	戊申	鬼	除土	一	十四	己卯	张	危土
13	一	十二	戊申	毕	平土	四	十三	己卯	井	收土	六	十三	己酉	柳	满土	二	十五	庚辰	翼	成金
14	二	十三	己酉	觜	定土	五	十四	庚辰	鬼	开金	日	十四	庚戌	星	平金	三	十六	辛巳	轸	收金
15	三	十四	庚戌	参	执金	六	十五	辛巳	柳	闭金	一	十五	辛亥	张	定金	四	十七	壬午	角	开木
16	四	十五	辛亥	井	破金	日	十六	壬午	星	建木	二	十六	壬子	翼	执木	五	十八	癸未	亢	闭木
17	五	十六	壬子	鬼	危木	一	十七	癸未	张	除木	三	十七	癸丑	轸	破木	六	十九	甲申	氐	建水
18	六	十七	癸丑	柳	成木	二	十八	甲申	翼	满水	四	十八	甲寅	角	危水	日	二十	乙酉	房	除水
19	日	十八	甲寅	星	收水	三	十九	乙酉	轸	平水	五	十九	乙卯	亢	成水	一	十一	丙戌	心	满土
20	一	十九	乙卯	张	开水	四	二十	丙戌	角	定土	六	二十	丙辰	氐	收土	二	十二	丁亥	尾	平土
21	二	二十	丙辰	翼	闭土	五	廿一	丁亥	亢	执土	日	廿一	丁巳	房	开土	三	十三	戊子	箕	定火
22	三	廿一	丁巳	轸	建土	六	廿二	戊子	氐	破火	一	廿二	戊午	心	闭火	四	十四	己丑	斗	执火
23	四	廿二	戊午	角	除火	日	廿三	己丑	房	危火	二	廿三	己未	尾	建火	五	十五	庚寅	牛	破木
24	五	廿三	己未	亢	满火	一	廿四	庚寅	心	成木	三	廿四	庚申	箕	除木	六	十六	辛卯	女	危木
25	六	廿四	庚申	氐	平木	二	廿五	辛卯	尾	收木	四	廿五	辛酉	斗	满木	日	十七	壬辰	虚	成水
26	日	廿五	辛酉	房	定木	三	廿六	壬辰	箕	开水	五	廿六	壬戌	牛	平水	一	十八	癸巳	危	收水
27	一	廿六	壬戌	心	执水	四	廿七	癸巳	斗	闭水	六	廿七	癸亥	女	定水	二	十九	甲午	室	开金
28	二	廿七	癸亥	尾	破水	五	廿八	甲午	牛	建金	日	廿八	甲子	虚	执金	三	三十	乙未	壁	闭金
29	三	廿八	甲子	箕	危金	六	廿九	乙未	女	除金	一	廿九	乙丑	危	破金	四	八月	丙申	奎	建火
30	四	廿九	乙丑	斗	成金	日	三十	丙申	虚	满火	二	七月	丙寅	室	危火	五	初二	丁酉	娄	除火
31	五	三十	丙寅	牛	收火						三	初二	丁卯	壁	成火	六	初三	戊戌	胃	满木

节气

	5月	6月	7月	8月
	立夏:5日酉时	芒种:5日亥时	小暑:7日辰时	立秋:7日酉时
	小满:21日辰时	夏至:21日申时	大暑:23日丑时	处暑:23日巳时

月干支:四月辛巳　五月壬午　六月癸未　七月甲申　八月乙酉

八、附录

191

金传达文集

七

民间寿庆文化通书

公元 2030 年

农历 庚戌(狗)年 太岁化秋 九星六白

公历	9 月 星期	农历	干支	星宿	五行	10 月 星期	农历	干支	星宿	五行	11 月 星期	农历	干支	星宿	五行	12 月 星期	农历	干支	星宿	五行
1	日	初四	己亥	昴	平木	二	初五	己巳	觜	成木	五	初六	庚子	鬼	满土	日	初七	庚午	星	危土
2	一	初五	庚子	毕	定土	三	初六	庚午	参	收土	六	初七	辛丑	柳	平土	一	初八	辛未	张	成土
3	二	初六	辛丑	觜	执土	四	初七	辛未	井	开土	日	初八	壬寅	星	定金	二	初九	壬申	翼	收金
4	三	初七	壬寅	参	破金	五	初八	壬申	鬼	闭金	一	初九	癸卯	张	执金	三	初十	癸酉	轸	开金
5	四	初八	癸卯	井	危金	六	初九	癸酉	柳	建金	二	初十	甲辰	翼	破火	四	十一	甲戌	角	闭火
6	五	初九	甲辰	鬼	成火	日	初十	甲戌	星	除火	三	十一	乙巳	轸	危火	五	十二	乙亥	亢	建火
7	六	初十	乙巳	柳	成火	一	十一	乙亥	张	满火	四	十二	丙午	角	危水	六	十三	丙子	氐	建水
8	日	十一	丙午	星	收水	二	十二	丙子	翼	满水	五	十三	丁未	亢	成水	日	十四	丁丑	房	除水
9	一	十二	丁未	张	开水	三	十三	丁丑	轸	平水	六	十四	戊申	氐	收土	一	十五	戊寅	心	满土
10	二	十三	戊申	翼	闭土	四	十四	戊寅	角	定土	日	十五	己酉	房	开土	二	十六	己卯	尾	平土
11	三	十四	己酉	轸	建土	五	十五	己卯	亢	执土	一	十六	庚戌	心	闭金	三	十七	庚辰	箕	定金
12	四	十五	庚戌	角	除金	六	十六	庚辰	氐	破金	二	十七	辛亥	尾	建金	四	十八	辛巳	斗	执金
13	五	十六	辛亥	亢	满金	日	十七	辛巳	房	危金	三	十八	壬子	箕	除木	五	十九	壬午	牛	破木
14	六	十七	壬子	氐	平木	一	十八	壬午	心	成木	四	十九	癸丑	斗	满木	六	二十	癸未	女	危木
15	日	十八	癸丑	房	定木	二	十九	癸未	尾	收木	五	二十	甲寅	牛	平水	日	廿一	甲申	虚	成水
16	一	十九	甲寅	心	执水	三	二十	甲申	箕	开水	六	廿一	乙卯	女	定水	一	廿二	乙酉	危	收水
17	二	二十	乙卯	尾	破水	四	廿一	乙酉	斗	闭水	日	廿二	丙辰	虚	执土	二	廿三	丙戌	室	开土
18	三	廿一	丙辰	箕	危土	五	廿二	丙戌	牛	建土	一	廿三	丁巳	危	破土	三	廿四	丁亥	壁	闭土
19	四	廿二	丁巳	斗	成土	六	廿三	丁亥	女	除土	二	廿四	戊午	室	危火	四	廿五	戊子	奎	建火
20	五	廿三	戊午	牛	收火	日	廿四	戊子	虚	满火	三	廿五	己未	壁	成火	五	廿六	己丑	娄	除火
21	六	廿四	己未	女	开火	一	廿五	己丑	危	平火	四	廿六	庚申	奎	收木	六	廿七	庚寅	胃	满木
22	日	廿五	庚申	虚	闭木	二	廿六	庚寅	室	定木	五	廿七	辛酉	娄	开木	日	廿八	辛卯	昴	平木
23	一	廿六	辛酉	危	建木	三	廿七	辛卯	壁	执木	六	廿八	壬戌	胃	闭水	一	廿九	壬辰	毕	定水
24	二	廿七	壬戌	室	除水	四	廿八	壬辰	奎	破水	日	廿九	癸亥	昴	建水	二	三十	癸巳	觜	执水
25	三	廿八	癸亥	壁	满水	五	廿九	癸巳	娄	危水	一	十一	甲子	毕	除金	三	十二	甲午	参	破金
26	四	廿九	甲子	奎	平金	六	三十	甲午	胃	成金	二	初二	乙丑	觜	满金	四	初二	乙未	井	危金
27	五	九月	乙丑	娄	定金	日	十月	乙未	昴	收金	三	初三	丙寅	参	平火	五	初三	丙申	鬼	成火
28	六	初二	丙寅	胃	执火	一	初二	丙申	毕	开火	四	初四	丁卯	井	定火	六	初四	丁酉	柳	收火
29	日	初三	丁卯	昴	破火	二	初三	丁酉	觜	闭火	五	初五	戊辰	鬼	执木	日	初五	戊戌	星	开木
30	一	初四	戊辰	毕	危木	三	初四	戊戌	参	建木	六	初六	己巳	柳	破木	一	初六	己亥	张	闭木
31						四	初五	己亥	井	除木						二	初七	庚子	翼	建土

节气

	9 月	10 月	11 月	12 月
	白露:7日亥时	寒露:8日未时	立冬:7日酉时	大雪:7日巳时
	秋分:23日辰时	霜降:23日酉时	小雪:22日未时	冬至:22日寅时

月干支:九月丙戌　　十月丁亥　　十一月戊子　　十二月己丑